Fachbücher für Fortbildung & Studium

FFS 11

W0077945

www.fhs-verlag.de

Dr. Holger Stöhr

F.I.T. zur IHK-Prüfung in Investition, Finanzierung, Kostenrechnung & Controlling

Handlungsspezifische Qualifikationen für Wirtschaftsfachwirte

DIHK-Rahmenplan: Fach Nr. 6

2. Auflage

www.fhs-verlag.de   Fachbuchverlag Holger Stöhr

Zum Autor:

Dr. Holger Stöhr, Diplom-Volkswirt (Univ.)

Bisher sind u. a. die folgenden Titel des gleichen Autors erschienen:

- **F.I.T. zur IHK-Prüfung in Betriebliches Management:** Handlungsspezifische Qualifikationen für Wirtschaftsfachwirte, Oberstdorf 2017 **ISBN 978-3-943743-19-7**

- **F.I.T. zur IHK-Prüfung in Logistik:** Handlungsspezifische Qualifikationen für Wirtschaftsfachwirte, Würzburg 2017, **ISBN 978-3-943743-15-9**

Bibliografische Informationen der Deutschen Bibliothek
Die Deutsche Bibliothek verzeichnet diese Publikation in der Deutschen Nationalbibliografie; detaillierte bibliografische Daten sind dem Internet über http://dnb.ddb.de abrufbar.

ISBN 978-3-943743-14-2

2. Auflage

© 2017 Fachbuchverlag Holger Stöhr, Oberstdorf

Druck: Laserline, Berlin

Fachbuchverlag Holger Stöhr (FHS)
Internet: www.fhs-verlag.de

© Umschlagsgestaltung und Fotografien im Fachbuch: Holger Stöhr, 2017

Bildnachweis: 1. vorderer Umschlag: ©*UBER IMAGES - stock.adobe.com* und 2. hinterer Umschlag: ©*psychoshadow - stock.adobe.com*.

Inhaltsverzeichnis

FHS-Verlag.de
Fachbuchverlag Holger Stöhr

Vorwort

Dieses Fachbuch zum Prüfungsfach »**Finanzierung, Investition, Kostenrechnung und Controlling**« ist am aktuellen Rahmenstoffplan der Prüfung »**Handlungsspezifische Qualifikationen**« des IHK-Lehrgangs »**Wirtschaftsfachwirt/-in**« ausgerichtet.

Wer in eine Prüfung geht, ist oft nicht angemessen vorbereitet und dies, obwohl er oder sie regelmäßig an Lehrgängen teilgenommen hat und die dazugehörigen Bücher oder Skripte gelernt hat. Was fehlt, ist der letzte Schliff. Zum Ende der Vorbereitung muss nochmals alles auf den Punkt gebracht werden. **Für die Erstellung eigener Zusammenfassungen fehlt oft die Zeit.** Es fehlen Tipps zur Vorgehensweise in der Prüfung. Korrekturen von Prüfungen zeigen immer, wie viele Punkte unnötig vergeudet werden. Zudem sollten zur Übung noch Prüfungen simuliert werden.

Zu diesem Zweck baue ich auf ein dreigleisiges Verfahren (**F.I.T.**):

- **Zusammenfassungen:** Zunächst wird der Inhalt/Stoff des Fachs kurz und verständlich zusammengefasst (Inhalte in Form von Zusammenfassungen).

- **Fragen:** Zur Prüfungsvorbereitung sind in Anhang A zwei Prüfungssimulationen enthalten (je 40 Pt.), die exakt auf dem Niveau der realen Prüfungen sind – vom Schwierigkeitsgrad, der Punkte- und der Stoffverteilung. Dazu werden in Anhang B ausführliche und klare Lösungen geliefert (Fragen/Aufgaben mit Lösungen)

- **Tipps:** Schließlich sollen Ihnen zahlreiche Tipps und Hinweise in Anhang D die Prüfung erleichtern (Tipps zur Fehlervermeidung).

Zudem fühlt man sich unsicher, was nun wichtig ist, und was weniger. Zur besseren Einordnung, inwiefern welcher Stoff **prüfungsrelevant** ist, sind zwei hilfreiche Aspekte eingebaut: (A) Zu jedem Kapitel, Unterkapitel etc. wird die Prüfungsrelevanz in 3 Stufen gemäß IHK-Rahmenstoffplan am rechten Rand mit einem Marker angegeben:

1. Die erste Stufe bezieht sich auf einfachen Lernstoff. Hier werden nur **Kenntnisse** in Form von Definitionen, Auflistungen usw. erwartet. Als Symbol dient die Diskette.

2. Die zweite Stufe bezieht sich auf das **Verständnis** von Zusammenhängen und komplexeren Sachverhalten und deren Erläuterung. Als Symbol dient der kreisende Pfeil.

3. Die dritte Stufe steht für gelerntes und verstandenes Wissen, das in Form von Übungen und Rechnungen **Anwendung** findet. Als Symbol dient der Taschenrechner.

(B) Zu jedem Kapitel bzw. Unterabschnitt wird in einer kleinen Tabelle am rechten Rand (etwas nach unten versetzt) detailliert dargestellt, in welchen vergangenen Prüfungen dieser Stoff in welcher Aufgabe und mit welcher Punktezahl abgefragt wurde. Diese Zuordnung gilt immer für den gesamten Bereich der Zwischenüberschrift bzw. des Teilkapitels (siehe Abbildungen der Innenseiten des Umschlags).

Natürlich können auf so knappem Raum nicht alle Themen ausführlich dargestellt werden. Stattdessen werden hier Zusammenfassungen geboten, die Ihnen ein schnelles Lernen und eine Einschätzung der Prüfungsrelevanz der Themen gewähren. Dabei wurden die bisherigen IHK-Prüfungen berücksichtigt (Stand: August 2017).

Wichtig: In Kapitel 4 »Kostenrechnung« werden Grundkenntnisse aus Ihrer Prüfung »Rechnungswesen« (IHK-Prüfung »Wirtschaftsbezogene Qualifikationen«) vorausgesetzt.

Ich wünsche Ihnen viel Spaß mit diesem Fachbuch und viel Erfolg beim Bestehen Ihrer Prüfung.

Dr. Holger Stöhr
Oberstdorf im September 2017

Zur Prüfung

Bei diesem Fach steht die Anwendung des Wissens im Vordergrund:

- **IHK-Prüfung**: Wirtschaftsfachwirte, »Handlungsspezifische Qualifikationen«, Situationsaufgabe II – davon ca. 40 Prozent.

- **Zeit**: ca. 40 % von 240 Minuten $\approx$ 100 Minuten.

- **Hilfsmittel**: Taschenrechner.

- **Probleme**: 1. Der Zeitfaktor könnte ein großes Problem werden. Zumal viele Prüflinge bei einzelnen Fragen zu viel bzw. zu wenig schreiben. Bei »Nennen ...« wird zu viel, bei »Erläutern ...« zu wenig geschrieben. 2. Die Rechnungsaufgaben wiederholen sich häufig ähnlich. 3. Viele Prüflinge haben Schwierigkeiten, leicht umformulierte Aufgaben zu verstehen und zu lösen.

- **Lösungsstrategien**: 1. Konzentrieren Sie sich auf die Aufgaben und Ihr vorhandenes Wissen. Nutzen Sie insbesondere bekannte Lösungsschemen, die in den folgenden Seiten geboten werden. Dazu sollte natürlich entsprechendes Wissen vorhanden sein. Denn eine nicht verstandene Formel der Formelsammlung hilft nicht weiter. Das erforderliche Wissen können Sie in diesem Fachbuch aneignen bzw. nochmals wiederholen. 2. Üben Sie anhand von alten Prüfungen und den Prüfungssimulationen in Anhang A die Bearbeitung von anwendungsorientierten Aufgaben.

1 Investitionsplanung und -rechnung

1.1 Investition

1.1.1 Zusammenhang von Investition u. Finanzierung

Investitionen und deren Finanzierung sind spiegelbildliche Entscheidungen. Dies lässt sich mit Hilfe einer Bilanz veranschaulichen.

H 2009 II: A9a-c, 8 Pt.
H 2010 II: A8, 8 Pt.

Zahlenbeispiel zur Bilanz – Industrie

A	Bilanz in T€		P
A. Anlagevermögen	**50**	**A. Eigenkapital**	**23**
I. Immaterielles Vermögen	5	I. Gezeichnetes Kapital	14
II. Sachanlagen	35	II. Kapitalrücklage	0
III. Finanzanlagen	10	III. Gewinnrücklage	3
B. Umlaufvermögen	**95**	IV. Gewinn-/Verlustvortrag	2
I Vorräte	17	V. Jahresüberschuss	4
II Forderungen	35	**B. Rückstellungen**	**12**
III Wertpapiere	40	**C. Verbindlichkeiten**	**110**
IV Kassenbestände, Bankguthaben, Schecks	3		
Summe	145	Summe	145

Aktivseite der Bilanz	Passivseite der Bilanz
= Vermögen	= Kapital
= Mittelverwendung	= Mittelherkunft
= Investition	**= Finanzierung**

Die rechte Seite der Bilanz stellt die Mittelherkunft und damit die **Finanzierung** dar. Demgegenüber steht die linke Seite für die Mittelverwendung und damit für **Investitionen**. Daher sind Investitionsentscheidungen nicht von Finanzierungsentscheidungen zu trennen: (1) Eine

1

interessante, aber nicht finanzierbare Investitionsalternative ist unsinnig. (2) Finanzielle Mittel, die nicht sinnvoll investiert werden können, sollten besser gar nicht besorgt werden.

Zur Symmetrie von Finanzierung und Investition

Finanzierung und Investition haben typischerweise eine entgegengerichtete Entwicklung von Zahlungsströmen. Natürlich handelt es sich um keine exakte Symmetrie:

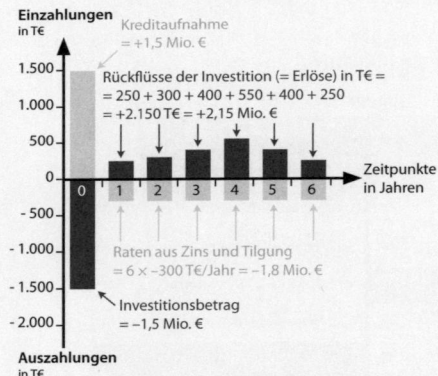

Finanzierungen haben für gewöhnlich zu Beginn einen Mittelzufluss (bspw. Kreditaufnahme). In den Folgeperioden entsteht ein Mittelabfluss für Tilgungsraten und Zinsen.

Investitionen erfordern zu Beginn einen Mittelabfluss (Kauf der Maschine). In den Folgeperioden fließen Mittel (bspw. in Form von Umsatzerlösen) zurück.

Wichtig

Im weiteren Verlauf wird **Finanzwirtschaft** als Oberbegriff für Finanzierung und Investition verwendet.

FHS-Verlag.de
Fachbuchverlag Holger Stöhr

1.1.2 Investitionsarten

In der Praxis führen unterschiedliche, sich teilweise überschneidende Gründe zu Investitions- und damit gleichzeitig zu Finanzierungsentscheidungen:

- **Gründungsinvestitionen** werden bei der Gründung eines Unternehmens durchgeführt.

- **Erweiterungsinvestitionen** dienen zur Ausdehnung des Geschäftsfeldes, indem bspw. ein Handelsunternehmen weitere Filialen eröffnet oder ein Industriebetrieb einen neuen Produktionsstandort wählt und dort investiert.

- **Diversifikationsinvestitionen** werden zur Ausdehnung bzw. Streuung (Diversifikation) der Geschäftsfelder gewählt um dadurch weniger anfällig bei Krisen einzelner Branchen zu sein.

- **Ersatzinvestitionen** werden dann fällig, wenn Anlagegüter ersetzt werden müssen.

- **Rationalisierungsinvestitionen** dienen zur rationelleren Erzeugung oder Erbringung der Dienstleistungen. Hierbei werden teilweise Menschen durch Maschinen oder Maschinen durch modernere Maschinen ersetzt.

1.1.3 Investitionsentscheidungen

Je nach Unternehmensgröße, Branche und Situation müssen zahlreiche Entscheidungen hinsichtlich bestimmter Investitionen getroffen werden. Dies könnten einzelne Maschinen, PCs oder LKWs sein, es kann sich aber auch um ganze zu erwerbende Unternehmen oder Betriebsstätten handeln. Zur Entscheidungsfindung tragen qualitative Verfahren (bspw. Nutzwertanalyse) und die im Folgenden zu erläuternden Investitionsrechenverfahren bei.

1

1.2 Investitionsrechenverfahren

1.2.1 Arten der Investitionsrechnung

Wichtige Fragen in Unternehmen betreffen mög- F 2017 II: A1b, 4 Pt.
liche **Investitionen**. Zahlreiche Unsicherheitsfaktoren, langfristige
Zeithorizonte (die die Unsicherheitsfaktoren noch verstärken) und die
komplexen volks- und betriebswirtschaftlichen Zusammenhänge erschweren die Beurteilung von Investitionen in der Praxis. Zur Unterstützung der Entscheidung dienen dabei **Investitionsrechenverfahren**:

- Die **statischen Investitionsrechenverfahren** gehen von durch-
  schnittlichen Kosten und Leistungen aus und berücksichtigen daher nicht die Zeitpunkte der Zahlungsströme.

- Die **dynamischen Investitionsrechenverfahren** berücksichtigen die
  Zeitpunkte der Ein- und Auszahlungen.

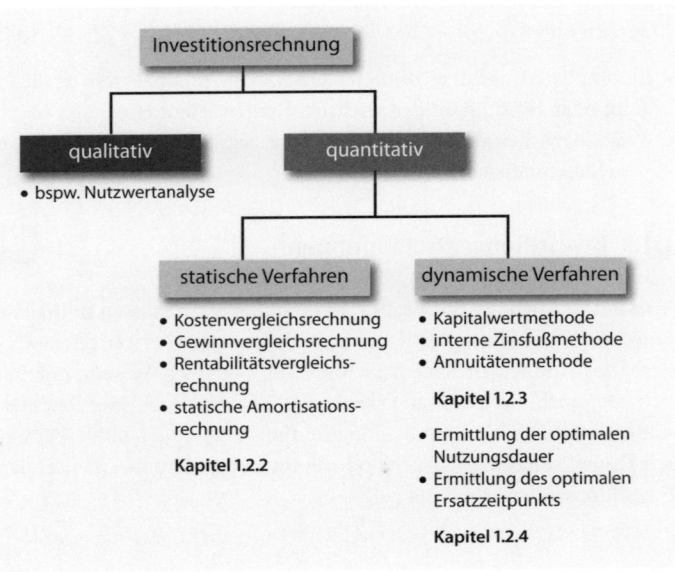

1.2.2 Statische Investitionsrechenverfahren

Für die weiteren Betrachtungen verwenden wir die   F 2009 II: A1b-c, 8 Pt.
folgende Fallstudie (Kopierer):

■	Zahlenangaben	Wertig L7750	Günstig G15-LJ
	in EUR	Zinssatz = 7,5 %	Zinssatz = 7,5 %
1.	Anschaffungswert (AW)	17.500 €	11.000 €
2.	Restwert (RW)	2.500 €	1.000 €
3.	Nutzungsdauer in J.	4 J.	4 J.
4.	restliche Fixkosten/Jahr	10.000 €	1.750 €
5.	variable Kosten pro Seite	3 Ct.	4 Ct.
6.	Erlöse je Seite	6 Ct.	5 Ct.
7.	jährliche Seitenleistung	500.000 S.	500.000 S.

Zu den Vorteilen der statischen Verfahren zählt die leichte Anwendbarkeit. Zudem sind keine finanzmathematischen Kenntnisse erforderlich. Nachteile: Die statischen Investitionsrechenverfahren gehen von zwei stark vereinfachenden Annahmen aus:

1. Es werden nur (Jahres-) Durchschnittswerte berechnet.

2. Es werden nur Kosten und Leistungen (bzw. Erlöse) betrachtet. Der tatsächliche Zahlungszeitpunkt der Einzahlungen und Auszahlungen der Investitionen wird im Gegensatz zu den dynamischen Verfahren nicht berücksichtigt.

Es werden folgende Verfahren unterschieden:

- **Kostenvergleichsrechnung**: Hier werden Investitionsalternativen nur anhand ihrer Kosten verglichen. Die Entscheidung sollte für das günstigste Angebot erfolgen. Dieses Verfahren ist nur bei identischen Leistungen (Erlöse bzw.) sinnvoll.

- **Gewinnvergleichsrechnung**: Dabei werden die Investitionsalternativen anhand ihrer erzielbaren Gewinne verglichen. Die Entscheidung sollte für die Alternative mit dem höchsten erzielbaren Gewinn fallen. Dies ist zweckmäßig, wenn zur Erzielung des Gewinns die gleichen Investitionssummen notwendig sind.

1

- **Rentabilitätsvergleichsrechnung**: Die erzielbaren Gewinne werden auf das durchschnittlich gebundene und damit investierte Kapital bezogen. Es sollte diejenige Alternative mit der höchsten Rendite gewählt werden.

- **Amortisationsvergleichsrechnung**: Entsprechend wird hier berechnet, wann sich die Investition amortisiert bzw. trägt. Je kürzer die Amortisationsdauer um so besser.

In der Praxis werden neben solchen quantitativen Methoden auch qualitative Aspekte berücksichtigt. Hierzu werden u. a. **Nutzwertanalysen** verwendet (vgl. bspw. Fach »Logistik«), die jedoch zahlreiche Probleme der willkürlichen Auswahl der Faktoren, der Gewichtung und der Benotung beinhalten. Zu den qualitativen Faktoren zählen bspw.: 1. Qualität, 2. Service, 3. einfache Bedienung, 4. Ergonomie, 5. Sicherheit und 6. Umweltaspekte.

Kostenvergleichsrechnung

Zunächst werden die Kosten der beiden Alternativen berechnet. Dabei muss zwischen Fixkosten (u. a. kalkulatorische Abschreibungen und Zinsen) und variablen Kosten unterschieden werden:

F 2009 II: A1a, 6 Pt.
H 2009 II: A5c, 3 Pt.
F 2013 II: A2a-b, 7 Pt.

Die **kalkulatorischen Abschreibungen** in Formel (1) erhalten wir, wenn wir die Differenz aus Anschaffungskosten und Restwert durch die Nutzungsdauer teilen. In den folgenden Formeln ist jeweils eine Rechnung für den Kopierer »L7750« (Kürzel: L) und für »G15-LJ« (Kürzel: G).

1. $AfA_L = \dfrac{(AW - RW)}{ND} = \dfrac{(17.500\ € - 2.500\ €)}{4\ J.} = 3.750\ €$

   $AfA_G = \dfrac{(AW - RW)}{ND} = \dfrac{(11.000\ € - 1.000\ €)}{4\ J.} = 2.500\ €$

Hinweis:
AfA = Abschreibungen
AW = Anschaffungswert
RW = Restwert
ND = Nutzungsdauer

Tipp:

Es sollte bei den kalkulatorischen Abschreibungen, sofern vorhanden, der **Wiederbeschaffungswert** (WBW) verwendet werden.

Zur Berechnung der **kalkulatorischen Zinsen** müssen wir erst die durchschnittliche Kapitalbindung berechnen (2) und diese dann anschließend mit dem vorgegebenen kalkulatorischen Zinssatz multiplizieren und durch 100 % teilen (3).

2. $\varnothing$ Kapitalbindung$_L = \dfrac{(AW + RW)}{2} = \dfrac{(17.500 € + 2.500 €)}{2} = 10.000 €$

   $\varnothing$ Kapitalbindung$_G = \dfrac{(AW + RW)}{2} = \dfrac{(11.000 € + 1.000 €)}{2} = 6.000 €$

Zur Veranschaulichung der durchschnittlichen Kapitalbindung

Eine Investition mit einem Anschaffungswert von 500 T€ und einem voraussichtlichen Restwert von 100 T€ wird mittels eines Abzahlungsdarlehens über vier Jahre gleichmäßig getilgt:

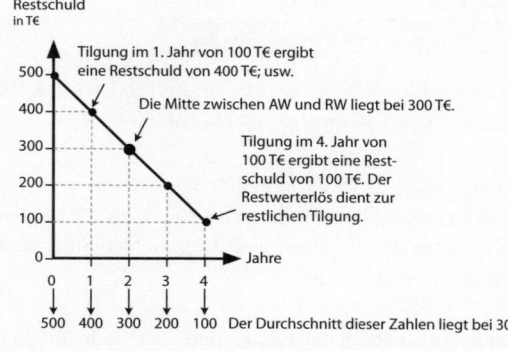

$\varnothing$ Kapitalbindung $= \dfrac{(AW + RW)}{2} = \dfrac{(500\ T€ + 100\ T€)}{2} = 300\ T€$

$\varnothing$ Kapitalbindung $= \dfrac{(500\ T€ + 400\ T€ + 300\ T€ + 200\ T€ + 100\ T€)}{5} = 300\ €$

3. Zinsen$_L = \dfrac{(AW + RW)}{2} \cdot \dfrac{Zinssatz}{100\ \%} = \dfrac{(17.500 € + 2.500 €)}{2} \cdot \dfrac{7,5\ \%}{100\ \%} = 750 €$

   Zinsen$_G = \dfrac{(AW + RW)}{2} \cdot \dfrac{Zinssatz}{100\ \%} = \dfrac{(11.000 € + 1.000 €)}{2} \cdot \dfrac{7,5\ \%}{100\ \%} = 450 €$

Zählen wir die Abschreibungen, die Zinsen und die restlichen **Fixkosten** (für bedienendes Personal, Raumkosten und Wartungskosten bspw. in Form von Fixkosten für einen Wartungsvertrag) zusammen, erhalten wir die Summe der Fixkosten. Die **Summe der variablen Kosten** erhalten wir durch eine Multiplikation von variablen Seitenkosten (für Toner, Strom etc.) und jährlicher Seitenleistung. Die **Gesamtkosten** ergeben sich schließlich als Summe der Fixkosten und der variablen Kosten.

	Kostenvergleich	Wertig L7750	Günstig G15-LJ
	in EUR	Zinssatz = 7,5 %	Zinssatz = 7,5 %
1.	kalk. Abschreibungen (AfA)	3.750,00	2.500,00
2.	kalk. Zinsen	750,00	450,00
3.	restliche Fixkosten	10.000,00	1.750,00
4.	Summe der Fixkosten	14.500,00	4.700,00
5.	Summe der variablen Kosten	15.000,00	20.000,00
6.	Gesamtkosten	29.500,00	24.700,00

Nach dem Kostenvergleichsverfahren würde wir uns für den um 4.800 € günstigeren Maschinentyp »Günstig G15-LJ« entscheiden.

Es stellt sich die Frage, bei welcher Menge beide Investitionsalternativen gleich hohe Kosten besitzen. Diese Frage macht aber wirklich nur dann Sinn, wenn die Fixkosten bei der einen und die variablen Stückkosten bei der anderen Alternative günstiger sind.

Die **kritische Menge hinsichtlich der Kosten** berechnet sich, indem die Fixkostendifferenz durch die Differenz der variablen Stückkosten geteilt wird (4). Dabei muss eine umgekehrte Reihenfolge eingehalten werden.

4. $\text{kritische Menge}_{\text{Kosten}} = \dfrac{\text{Fixkostendifferenz}}{\text{Differenz variable Stückkosten}}$ (umgekehrte Reihenfolge)

$$\text{kritische Menge}_{\text{Kosten}} = \frac{K_{fix}^A - K_{fix}^B}{k_{var}^B - k_{var}^A} = \frac{14.500\ \text{€} - 4.700\ \text{€}}{0,04\ \text{€} - 0,03\ \text{€}} = 980.000\ \text{Seiten}$$

Zwar hat der Kopierer L7750 deutlich höhere Fixkosten, aber andererseits auch deutlich niedrigere variable Seitenkosten. Somit lässt sich ein

Punkt berechnen (= kritische Menge), bei dem die Kosten gleich groß sind. Dieser Punkt liegt in unserer Fallstudie bei 980.000 Seiten.

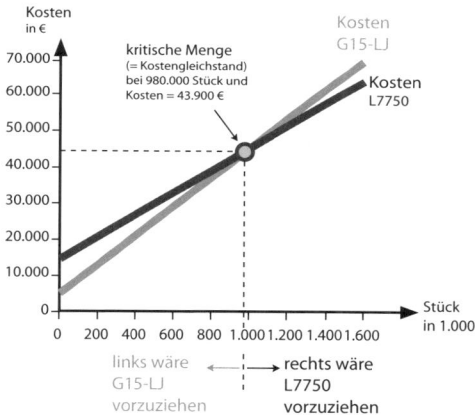

Gewinnvergleichsrechnung

Da die beiden Drucker aufgrund der unterschiedlichen Qualität unterschiedliche Erlöse erzielen können, ist die Kostenvergleichsrechnung wenig aussagekräftig. Nach der Gewinnvergleichsrechnung würden wir uns für die »Wertig L7750« entscheiden. Hierzu müssen wir die Erlöse je Seite mit der Seitenzahl multiplizieren und hiervon die gesamten Kosten abziehen:

H 2009 II: A5a, 6 Pt.

H 2010 II: A2a, 6 Pt.

■	Gewinnvergleich	Wertig L7750	Günstig G15-LJ
	in EUR	Zinssatz = 7,5 %	Zinssatz = 7,5 %
1.	Erlöse je Seite	0,06	0,05
2.	Erlöse pro Jahr	30.000,00	25.000,00
3.	Gesamtkosten	29.500,00	24.700,00
4.	Gewinn	+ 500	+ 300

Die **kritische Menge hinsichtlich des Gewinns** berechnet sich relativ einfach, indem die Fixkostendifferenz durch die Differenz der Stückdeckungsbeiträge (db = Preis – variable Stückkosten) geteilt wird (5).

1

5. $\text{kritische Menge}_{\text{Gewinn}} = \dfrac{\text{Fixkostendifferenz}}{\text{Differenz Stückdeckungsbeiträge}}$ (gleiche Reihenfolge)

$$\text{kritische Menge}_{\text{Gewinn}} = \dfrac{K_{fix}^{A} - K_{fix}^{B}}{db^{A} - db^{B}} = \dfrac{14.500\,€ - 4.700\,€}{0,03\,€ - 0,01\,€} = 490.000 \text{ Seiten}$$

Sofern mehr als 490.000 Seiten gedruckt werden, ist der Gewinn des Kopierers mit den höheren Fixkosten größer (= Wertig L7750). Allerdings sind die geplanten 500.000 Seiten sehr nahe am Gleichstand. Daher kann es in der Praxis durchaus zu ungewollten Abweichungen kommen.

Rentabilitätsvergleichsrechnung

Zur Ermittlung der jeweiligen Rentabilität wird der Return on Investment (RoI) berechnet, der den ermittelten Gewinn (Kürzel: oZ) in Beziehung zum durchschnittlich gebundenen Kapital setzt (6):

H 2009 II: A5b, 3 Pt.
H 2010 II: A2b-c, 4 Pt.
F 2013 II: A2c, 3 Pt.

6. $\text{RoI}_{L}^{oZ} = \dfrac{\text{Gewinn}}{(AW + RW) \div 2} \cdot 100\,\% = \dfrac{500\,€}{(17.500\,€ + 2.500\,€) \div 2} \cdot 100\,\% = 5\,\%$

$\text{RoI}_{G}^{oZ} = \dfrac{\text{Gewinn}}{(AW + RW) \div 2} \cdot 100\,\% = \dfrac{300\,€}{(11.000\,€ + 1.000\,€) \div 2} \cdot 100\,\% = 5\,\%$

Zuweilen wird hier auch der Gewinn zuzüglich der Zinsen (Kürzel: mZ) in Relation zum durchschnittlich gebundenen Kapitel gesetzt und mit 100 % Prozent multipliziert (7). Es zeigt sich, dass nach der Rendite beide Drucker gleichwertig sind und alleine anhand dieses Kriteriums keine Entscheidung getroffen werden kann.

7. $\text{RoI}_{L}^{mZ} = \dfrac{\text{Gewinn} + \text{Zinsen}}{(AW + RW) \div 2} \cdot 100\,\% = \dfrac{500\,€ + 750\,€}{(17.500\,€ + 2.500\,€) \div 2} \cdot 100\,\% = 12,5\,\%$

$\text{RoI}_{G}^{mZ} = \dfrac{\text{Gewinn} + \text{Zinsen}}{(AW + RW) \div 2} \cdot 100\,\% = \dfrac{300\,€ + 450\,€}{(11.000\,€ + 1.000\,€) \div 2} \cdot 100\,\% = 12,5\,\%$

     FHS-Verlag.de
Fachbuchverlag Holger Stöhr

Amortisationsvergleichsrechnung

Die Amortisationsdauer gibt an, wann sich eine In-   F 2017 II: A1a, 6 Pt.
vestition rentiert. Dabei gilt, je kürzer desto besser. Zunächst muss hier
die Differenz (= notwendiger gesamter Rückfluss) zwischen Anschaffungswert (AW) und Restwert (RW) berechnet werden. Diese Differenz
muss durch die Investition erwirtschaftet werden. Dazu dienen die
Rückflüsse die sich als Summe aus Gewinn und Abschreibungen (und
bisweilen Zinsen) berechnen (= durchschnittlicher jährlicher Rückfluss). Die Amortisationsdauer (8) und (9) ist dann der Quotient aus
diesen beiden Werten.

Bei der Amortisationsdauer hat wiederum der »Wertig L7750« die Nase
vorn, da seine Amortisationsdauer kürzer ist.

8. $\text{Amortisation}_L^{oZ} = \dfrac{(AW - RW)}{(Gewinn + AfA)} = \dfrac{(17.500 \,€ - 2.500 \,€)}{(500 \,€ + 3.750 \,€)} = 3,53 \text{ Jahre}$

   $\text{Amortisation}_G^{oZ} = \dfrac{(AW - RW)}{(Gewinn + AfA)} = \dfrac{(11.000 \,€ - 1.000 \,€)}{(300 \,€ + 2.500 \,€)} = 3,57 \text{ Jahre}$

9. $\text{Amortisation}_L^{mZ} = \dfrac{(AW - RW)}{(Gewinn + AfA + Zinsen)} = \dfrac{(17.500 \,€ - 2.500 \,€)}{(500 \,€ + 3.750 \,€ + 750 \,€)} = 3,00 \text{ J.}$

   $\text{Amortisation}_G^{mZ} = \dfrac{(AW - RW)}{(Gewinn + AfA + Zinsen)} = \dfrac{(11.000 \,€ - 1.000 \,€)}{(300 \,€ + 2.500 \,€ + 450 \,€)} = 3,08 \text{ J.}$

Fazit: Das Fallbeispiel soll aufzeigen, wie schwer eine Entscheidung anhand einer Methode sein kann und ggf. zu Fehlentscheidungen führen
kann. Insgesamt dürfte in unserem Fall der Kopierer »Wertig L7750«
vorzuziehen sein.

Wird in IHK-Prüfungen mit oder ohne Zinsen gerechnet?

Leider ist das nicht einheitlich. Häufig wird bei der Rentabilität mit Zinsen und bei der Amortisation ohne Zinsen gerechnet.

1

1.2.3 Dynamische Investitionsrechenverfahren

Die **dynamischen Investitionsrechenverfahren** gehen von folgenden Annahmen aus:

- Es wird der gesamte Investitionszeitraum berücksichtigt.

- Der wesentliche Vorteil liegt in der Berücksichtigung der tatsächlichen Zahlungsströme (Ein- und Auszahlungen), die auf den heutigen Wert abgezinst werden.

Kapitalwertmethode

Zunächst müssen die verschiedenen Einzahlungen und Auszahlungen ermittelt werden. Die jeweilige Differenz für jedes Jahr ergibt den jeweiligen Einzahlungsüberschuss (EZÜ), der dann abgezinst wird. Die Summe dieser Barwerte ergibt den Kapitalwert (**Zahlenangaben zur Fallstudie Kopierer** finden Sie auf S. 15):

F 2010 II: A4a, 6 Pt.
F 2011 II: A1a-b, 12 Pt.
H 2011 II: A2a, 6 Pt.
F 2012 II: A4a-b, 8 Pt.
F 2014 II: A3, 13 Pt.
F 2015 II: A1a, 4 Pt.
H 2015 II: A1a, 6 Pt.
F 2016 II: A2a-b, 8 Pt.
H 2016 II: A2a-b, 8 Pt.

- Zu den **Einzahlungen** zählen die jeweiligen ❶ Umsatzerlöse sowie im letzten Jahr zusätzlich ❷ der Restwerterlös.

- Die **Auszahlungen** setzen sich aus dem ❸ Anschaffungswert zum Zeitpunkt 0 sowie in den folgenden Jahren ❹ aus den restlichen Fixkosten sowie den variablen Kosten zusammen.

- Die **kalkulatorischen Abschreibungen** sind Kosten, aber keine Auszahlungen. Stattdessen werden sie bei der Anfangsauszahlung zum Zeitpunkt 0 berücksichtigt.

- Entsprechend sind die **kalkulatorischen Zinsen** ebenfalls keine Auszahlung, sondern werden durch die Abzinsung bei der Berechnung des Barwerts berücksichtigt.

Sofern wir die Ein- und Auszahlungen erfasst haben, können wir ❺ in der nächsten Spalte die **Einzahlungsüberschüsse** (EZÜ) als Differenz aus Ein- und Auszahlungen berechnen. ❻ Die Einzahlungsüberschüsse

FHS-Verlag.de
Fachbuchverlag Holger Stöhr

zinsen wir für jedes Jahr mit dem gegebenen Zinssatz von 7,5 Prozent ab (EZÜ ÷ 1,075 ^{Jahr}). Diese abgezinsten Beträge heißen **Barwerte** (BW). ❼ Die Summe der Barwerte ergibt den **Kapitalwert C_0** für die Investitionsalternative Kopierer »Wertig L7750«. Für gewöhnlich ist eine Investition umso lohnenswerter je höher der Kapitalwert ist. Er sollte zumindest positiv sein.

■	Ziel: Kapitalwert C_0 für den Kopierer »L7750«			
n	Einzahl.	Auszahl.	EZÜ	BW 7,5 %
0		❸ –17.500	–17.500	–17.500,00
1	❶ 30.000	❹ –25.000	❺ 5.000	❻ 4.651,16
2	30.000	–25.000	5.000	4.326,66
3	30.000	–25.000	5.000	4.024,80
4	❷ 32.500	–25.000	7.500	5.616,00
Σ	122.500	–117.500	5.000	C_0= 1.118,62 ❼

$$\leftarrow \quad \frac{5.000\ €}{1,075^3} = 4.024,80\ €$$

Tipp:

In manchen IHK-Prüfungsaufgaben sind keine direkten Einzahlungen gegeben. Stattdessen wird von möglichen Einsparungen durch eine Investition gesprochen. Diese Einsparungen müssen dann als Einzahlungen betrachtet werden (nicht erforderliche Auszahlung entsprechen den Einzahlungen).

Die Berechnung können wir auch mit Hilfe einer Formel darstellen:

10. $$C_0 = -\ a_0 + \sum_{t=1}^{4}\left(\frac{EZÜ_t}{1,075^t}\right)$$

11. $$C_0 = -17.500\ € + \frac{5.000\ €}{1,075^1} + \frac{5.000\ €}{1,075^2} + \frac{5.000\ €}{1,075^3} + \frac{7.500\ €}{1,075^4} =$$

$$C_0 = -17.500\ € + 4.651,16\ € + 4.326,66\ € + 4.024,80\ € +$$

$$+\ 5.616,00\ € = +\ 1.118,62\ €$$

Es zeigt sich deutlich, dass die Vorgehensweise in der Tabelle identisch mit derjenigen in der Formel ist. Allerdings ist die Tabelle wesentlich übersichtlicher. Daher empfehle ich Ihnen mit der Tabelle zu arbeiten.

Zahlenstrahl für unsere Kapitalwertberechnung

Zur Veranschaulichung der Berechnung des Kapitalwerts die Darstellung mittels eines Zahlenstrahls:

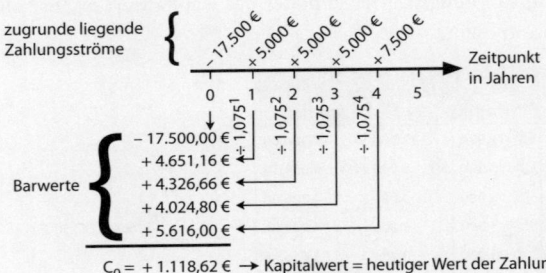

Damit lässt sich auch die allgemein in Lehrbüchern und Formelsammlungen gedruckte Formel für die Berechnung des Kapitalwerts darstellen (12.). Dabei werden Einzahlungen eines Jahre mit e_t und die jeweiligen Auszahlungen mit a_t bezeichnet. Die Anzahl der Jahre wird als n bezeichnet. Zudem wird (13.) der Zinsfaktor häufig als q und (14.) der Zinssatz in Dezimalschreibweise als i bezeichnet. Zum Beispiel erhalten wir bei einem Zinssatz p = 5 % folgende Werte: i = 0,05 und q = 1,05.

12. $C_0 = -a_0 + \sum_{t=1}^{n} \left(\dfrac{e_t - a_t}{q^t} \right)$

13. $q = \left(1 + \dfrac{p}{100\ \%} \right)$

14. $i = \dfrac{p}{100\ \%}$

15. $q = 1 + i$

C_0 = Kapitalwert
a_0 = Anfangsauszahlung
n = Anzahl der Jahre
e_t = Einzahlung des jeweiligen Jahres
a_t = Auszahlung des jeweiligen Jahres
p = Zinssatz
q = Zinsfaktor
i = Zinssatz in Dezimalform

Tipp:

Sofern ein Restwert vorhanden ist, wird dieser im letzten Jahr zu den Einzahlungen hinzugezählt.

Interne Zinsfußmethode

1

Das Ergebnis der Kapitalwertmethode hängt stark vom gegebenen Zinssatz ab. Zur Bestimmung des kalkulatorischen Zinssatzes werden folgende Varianten verwendet:

F 2010 II: A4b, 8 Pt.
F 2015 II: A1b, 8 Pt.

- Sofern wir uns ausschließlich durch Eigenkapital finanzieren würden, müssten wir als kalkulatorischen Zinssatz die von den Kapitalgebern gewünschte Mindestverzinsung ihres eingesetzten Kapitals ansetzen. Diese setzt sich aus einem entgangenen Zins für eine alternative, sichere Anlage, einem Risikoaufschlag und einem zusätzlichen Renditeziel zusammen.

- Wenn wir uns hingegen nur durch Fremdkapital finanzieren würden (bspw. durch die Aufnahme von Krediten bei unserer Hausbank), würden wir den von der Bank genannten Zinssatz ansetzen.

- In der Realität liegt die Wahrheit dazwischen – je nach Anteil der Eigen- und Fremdfinanzierung. Stellen wir uns vor, dass unsere Aktionäre eine Rendite von 15 % erwarten und unsere Hausbank 5 % für ein langfristiges Darlehen verlangt. Zudem hätten wir eine Eigenkapitalquote von 25 % (Fremdkapitalquote = 75 %). Somit würden wir einen kalkulatorischen Zinssatz von (15 % × 25 % / 100 % + 5 % × 75 % / 100 % = 3,75 % + 3,75 % =) 7,5 % erhalten.

Der Zinssatz, bei dem der Kapitalwert exakt 0 wird, heißt **interner Zinsfuß**. Wie können wir diesen nun berechnen? Leider gibt es keine Formel, die eine exakte Berechnung ermöglicht. Stattdessen kann man versuchen, sich immer mehr anzunähern. Dabei gibt es eine Abkürzung mittels einer **Näherungslösung**. Zeigen wir das mit unserem Beispiel »L7750«. Wenn man zunächst für 7,5 Prozent den Kapitalwert mit C_0 = 1.118,63 € berechnet, erkennt man sofort, dass der Zinssatz der zu einem Kapitalwert von 0 € führen wird, wohl bei einem höheren Zinssatz sein dürfte. Daher setzen wir einen ausreichend größeren Zinssatz an. Bei 15 Prozent erhielten wir einen Kapitalwert C_0 = – 1.795,73 €. Die Näherungslösung erfolgt nun in Form eines Dreisatzes.

Zur Bestimmung des internen Zinsfußes mit Hilfe eines Dreisatzes

Zur besseren Übersicht habe ich die beiden Kapitalwerte auf ganze 100 € gerundet.

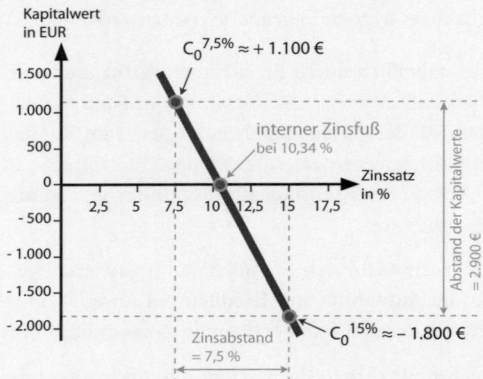

Der Dreisatz besteht darin, dass der erste Kapitalwert mit 1.100 € in Relation zum gesamten Abstand der Kapitalwerte gesetzt wird und dies auf den Zinsabstand bezogen wird. Das Ergebnis mit 2,84 % wird zu den 7,5 % hinzugezählt.

16. $2.900 \,€ \,\hat{=}\, 7,5 \,\%$

$1.100 \,€ \,\hat{=}\, x \,\%$

$x \,\% = 7,5 \,\% \cdot \dfrac{1.100 \,€}{2.900 \,€} = 2,84 \,\%$

$\rightarrow$ interner Zinsfuß $= 7,5 \,\% + 2,84 \,\% = 10,34 \,\%$

Der **Näherungslösung** liegt die Annahme zugrunde, dass zwischen den beiden Punkten $C_0^{7,5\%}$ und $C_0^{15\%}$ eine Gerade verläuft. Dann muss der Schnittpunkt dieser Geraden mit der Zinssatz-Achse genau dem internen Zinsfuß entsprechen. Sofern wir diese Annahme übernehmen, können wir das Ergebnis in der Tat mit einem **Dreisatz** einfach bestimmen (siehe Box). Alternativ wird in Formelsammlungen die **Regula falsi** genannt, die exakt dem Dreisatz entspricht:

             FHS-Verlag.de
Fachbuchverlag Holger Stöhr

17. $r = i_1 - C_{01} \cdot \dfrac{i_2 - i_1}{C_{02} - C_{01}}$

$r = 7,5\,\% - 1.100\,€ \cdot \dfrac{15\,\% - 7,5\,\%}{-1.800\,€ - 1.100\,€} =$

$r = 7,5\,\% - 1.100\,€ \cdot \dfrac{7,5\,\%}{-2.900\,€} = 7,5\,\% + 7,5\,\% \cdot \dfrac{1.100\,€}{2.900\,€}$

$r = 7,5\,\% + 2,84\,\% = 10,34\,\%$

Im Endeffekt entspricht die Rechnung exakt dem Dreisatz. Der Vorteil der Regula falsi liegt darin, dass Sie in der Formelsammlung steht. Bei der Regula falsi müssen Sie höllisch auf **Vorzeichen** achten.

Woran liegt es eigentlich, dass die **Näherungslösung** nicht exakt ist? Wir gehen bei unserer Näherungslösung davon aus, dass sich zwischen den beiden Punkten eine **Gerade** befindet. Tatsächlich handelt es sich aber für gewöhnlich um eine **Kurve**.

Wozu berechnen wir den internen Zinsfuß überhaupt? Der interne Zinsfuß zeigt an, bis zu welchem Zinssatz eine Investition sinnvoll ist. Dies ist in der Praxis bspw. bei Kreditverhandlungen mit Banken sehr hilfreich. Jedoch sollte auch hier in den allerwenigsten Fällen die dritte Nachkommastelle von Bedeutung sein.

Annuitätenmethode

Der Kapitalwert einer Investition ist der heutige Wert einer Investition. Diese Investition setzt sich zumeist aus einer Zahlungsreihe aus vielen Werten zusammen, die jeweils auf den heutigen Wert abgezinst werden. Der Kapitalwert selbst ist aber nur eine

| H 2011 II: A2b, 4 Pt. |
| F 2012 II: A4c, 4 Pt. |
| H 2012 II: A2, 6 Pt. |
| H 2014 II: A4a-b, 10 Pt. |
| H 2015 II: A1b, 4 Pt. |

Zahl, die stellvertretend für die gesamte Zahlungsreihe steht. Wenn wir fünf Jahre hintereinander nachschüssig 1.000 € erhalten, so können wir bei einem gegeben Zinssatz von 4 Prozent den Barwert dieser Investition berechnen:

1

18. $\dfrac{1.000\ \text{€}}{1{,}04^1} + \dfrac{1.000\ \text{€}}{1{,}04^2} + \dfrac{1.000\ \text{€}}{1{,}04^3} + \dfrac{1.000\ \text{€}}{1{,}04^4} + \dfrac{1.000\ \text{€}}{1{,}04^5} =$

$961{,}54\ \text{€} + 924{,}56\ \text{€} + 889{,}00\ \text{€} + 854{,}80\ \text{€} + 821{,}93\ \text{€} = 4.451{,}82\ \text{€}$

Alternativ können wir den Barwert dieser **Rente** (= gleichbleibende Zahlung) auch mit dem **Barwertfaktor** berechnen:

19. $\text{BWF} = \dfrac{q^n - 1}{q^n \cdot (q - 1)} = \dfrac{1{,}04^5 - 1}{1{,}04^5 \cdot (1{,}04 - 1)} = 4{,}45182233$

20. Barwert $= 1.000\ \text{€} \cdot \text{BWF} = 1.000\ \text{€} \cdot 4{,}45182233 = 4.451{,}82\ \text{€}$

Natürlich funktioniert diese Rechnung auch umgekehrt: Wenn wir den Barwert einer Zahlungsreihe kennen, können wir mit Hilfe des Barwertfaktors die Rente berechnen:

21. Rente $= \dfrac{\text{Barwert}}{\text{BWF}} = \dfrac{4.451{,}82\ \text{€}}{4{,}45182233} = 1.000\ \text{€}$

Dabei muss es sich bei der ursprünglichen Zahlungsreihe nicht einmal (wie in unserem Beispiel) um eine Rente handeln. Und genau diesen Effekt können wir für unsere Investitionsrechnung nutzen. Wenn wir den Kapitalwert einer Investition berechnet haben, können wir mit Hilfe des Barwertfaktors die dazugehörige Annuität einer Investition berechnen:

22. Annuität $= \dfrac{\text{Kapitalwert}}{\text{BWF}}$

Berechnen wir damit für den Kapitalwert unseres Kopierers »L7750« in Höhe von 1.118,63 € die dazugehörige Annuität:

23. $\text{BWF} = \dfrac{q^n - 1}{q^n \cdot (q - 1)} = \dfrac{1{,}075^4 - 1}{1{,}075^4 \cdot (1{,}075 - 1)} = 3{,}34932627$

24. Annuität $= \dfrac{1.118{,}63\ \text{€}}{3{,}34932627} = 333{,}99\ \text{€}$

Tipp: Sie sollten den BWF nicht auf 2 Stellen runden ($\geq$ 6 Stellen).

Die Annuität, die einer jährlich gleichbleibenden Zahlung entspricht, ist mit 333,99 € genauso viel wert wie der Kapitalwert in Höhe von 1.118,63 €. Demnach ist es genauso wertvoll vier Jahre hintereinander (nachschüssig) 333,99 € zu erhalten, wie jetzt sofort 1.118.63 €.

Wie kann das sein? Wenn wir 4 mal 333,99 € berechnen, erhalten wir mit 1.335,96 € deutlich mehr als den Kapitalwert mit 1.118,63 €. Zur Lösung dieses Rätsels müssen Sie bedenken, dass diese 1.118,63 € schon auf den heutigen Wert abgezinst sind, die jährliche Rente mit 333,99 € aber erst noch jeweils abgezinst werden muss:

■ Ziel: Annuität und C_0		
n	EZÜ	BW 7,5 %
0		
1	333,99	310,69
2	333,99	289,01
3	333,99	268,85
4	333,99	250,09
Σ	1.335,96	C_0= 1.118,64

Tipp:

In IHK-Prüfungen wird gerne folgende (bzw. eine entsprechende) Formulierung verwendet, wenn nach der Annuität gefragt wird: »Welchen Betrag kann man am Ende eines Jahres jeweils entnehmen, ohne die Verzinsung und die Tilgung der Investition zu gefährden?«

Kritische Würdigung

Zwar sind die dynamischen Verfahren der Investitionsrechnung den statischen überlegen, da sie die unterschiedlichen Zeitpunkte der Ein- und Auszahlungen berücksichtigen. Dabei werden Zins- und Zinseszinsaspekte berücksichtigt. Sie stellen trotzdem lediglich eine Näherung an eine optimale Lösung dar. Probleme: 1. Problem der Unsicherheit, 2. Wahl des kalkulatorischen Zinssatzes und 3. Manipulierbarkeit der Daten.

1.2.4 Ermittlung der optimalen Nutzungsdauer

In allen bisherigen Verfahren zur dynamischen In- H 2013 II: A4, 10 Pt.
vestitionsrechnung gingen wir von einer vorgegebenen Nutzungsdauer
aus. Darauf basierend haben wir dann den Kapitalwert dieser Investition berechnet. In der Praxis muss indessen die Nutzungsdauer nicht eindeutig und klar zu Beginn bestimmt sein. Vielmehr kann das gerade unsere Frage sein: Wie lange sollte ein Investitionsobjekt genutzt werden?

Zur Veranschaulichung nehmen wir unseren bekannten Kopierer
»L7750« und ergänzen die Fallstudie um wesentliche Annahmen: ❶ Wir
betrachten nun 7 Jahre. Die Einzahlungen bleiben die ganze Zeit über
konstant. ❷ Im letzten Jahr wird kein Restwert berücksichtigt, da die
Investitionsdauer noch offen ist. ❸ Die Auszahlungen würden aufgrund steigender Wartungskosten ab dem 5. Jahr kräftig steigen.

■ Ziel: Kapitalwerte C_0 für den Kopierer »L7750« je nach Nutzungsdauer						in €
n	Einz.	Ausz.	EZÜ	BW 7,5 %	Restwert	RW abgez.	C_0
0		17.500	−17.500	−17.500,00	❹17.500,00	17.500,00	0,00
1	30.000	25.000	5.000	4.651,16	13.750,00	❼12.790,70	−58,14
2	30.000	25.000	5.000	4.326,66	10.000,00	8.653,33	131,15
3	30.000	25.000	5.000	4.024,80	6.250,00	5.031,00 ❽	533,63
4	30.000	25.000	5.000	3.744,00	2.500,00	1.872,00	1.118,63
5	❶30.000	❸28.228	1.772	1.234,30	1.000,00	696,56	1.177,49 ❾
6	30.000	29.750	250	161,99	500,00	323,98	966,90
7	❷30.000	30.500	−500	❻ −301,38 ❺	0,00	0,00	341,55

Zudem ist die Entwicklung des Restwerterlöses von entscheidender
Bedeutung. Bisher gab es eine vorgegebene Nutzungsdauer und damit
einen vorgegebenen Restwert. Wenn jetzt aber die Nutzungsdauer erst
noch bestimmt werden muss, benötigen wir den möglichen Restwert
für verschiedene Jahre. Im Normalfall wird der Restwert von Jahr zu
Jahr sinken. ❹ Der Restwert vor Investitionsbeginn ist gleich dem Anschaffungswert. Danach sinkt der erzielbare Restwert stetig. Zum Ende
des 4. Jahres liegt der Restwert bei 2.500 € und ist damit genauso groß
wie bei der bisherigen Rechnung in Kapitel 1.2.3, die von einer Nutzungsdauer von 4 Jahren ausging. ❺ Danach sinkt der Restwert weiter,

1

bis er schließlich zum Ende des 7. Jahres bei 0 € liegt. Nun haben wir alle erforderlichen Angaben um die optimale Nutzungsdauer zu ermitteln.

Zunächst berechnen wir für alle Jahre den Einzahlungsüberschuss und zinsen diesen für jedes Jahr ab, um den jeweiligen Barwert zu erhalten. ❻ Weder im letzten Jahr noch in einem anderen Jahr wird dabei ein Restwert berücksichtigt. ❼ Für den Restwert wird eine weitere Spalte benötigt. Bei den Restwerten handelt sich um noch nicht abgezinste Werte. Folglich müssen die möglichen Restwerte der einzelnen Jahre auf den heutigen Wert hin abgezinst werden. Somit werden also auch die Barwerte der Restwerte berechnet.

Nun kommt der aufwendigste Rechenteil. Zur Ermittlung des Kapitalwerts einer bestimmten Laufzeit müssen wir die Barwerte, die bis zu diesem Jahr angefallen sind, addieren und zum Schluss den jeweils relevanten abgezinsten Restwert hinzuzählen. Das Ergebnis ist der Kapitalwert für genau diese Jahreszahl.

Zur Veranschaulichung betrachten wir nun das 3. Jahr: ❽ Bei einer Nutzungsdauer von 3 Jahren würden nun die Barwerte der ersten 3 Jahre addiert und der abgezinste Restwert des 3. Jahres hinzugezählt. Der Kapitalwert ergibt sich somit als kumulierter Barwert bis zum ausgewählten Jahr zuzüglich des jeweiligen abgezinsten Restwertes und liegt im 3. Jahr bei (−17.500 € + 4.651,16 € + 4.326,66 € + 4.024,80 € + 5.031,00 € =) 533,63 €. Für die weiteren Jahre gilt die gleiche Vorgehensweise. Es würden einfach immer zusätzliche Barwerte hinzugezählt und der jeweils relevante abgezinste Restwert würde sinken.

Wie wird nun die optimale Nutzungsdauer bestimmt? Nun, ganz einfach: Das Jahr mit dem größten Kapitalwert ist der Gewinner. ❾ Wenn wir den Kopierer 5 Jahre lang nutzen, erhalten wir den höchsten Kapitalwert mit 1.177,49 €.

1

Ermittlung des optimalen Ersatzzeitpunktes

Stellen Sie sich eine Situation vor, in der zweimal oder mehrmals hintereinander eine identische Investition durchgeführt wird. Bspw. wird in manchen Industriebetrieben immer wieder der gleiche Maschinentypus benötigt oder eine Vertriebsabteilung benötigt immer den gleichen Autotypus. In der Realität erfolgen jedoch immer schnellere Produktlebenszyklen, wodurch selten das gleiche Produkt erworben werden kann. Zumindest ein ähnlicher Typus ist denkbar. Stellen wir uns die Deutsche Post vor, die verschiedene Generationen eines VW-Golfs im Laufe der Jahrzehnte kauft. Für unsere weitere Betrachtung ist es nicht entscheidend, dass es sich um identische Investitionsgüter handelt. Vielmehr muss der Kapitalwert dieser gleich sein.

Wann sollte bei identischen Investitionen (hinsichtlich des Kapitalwerts) eine Generation durch eine neue ersetzt werden? Zur Beantwortung dieser Frage benötigen wir die zuvor ermittelte optimale Nutzungsdauer eines Investitionsobjekts. Betrachten wir unseren Kopierer »L7750«. Im letzten Abschnitt kamen wir zum Ergebnis, dass die optimale Nutzungsdauer bei 5 Jahren liegt. Somit dürfte doch die Antwort auf unsere Frage schnell gefunden sein: Der optimale Ersatzzeitpunkt sollte der optimalen Nutzungsdauer entsprechen und damit bei 5 Jahren liegen. Im Normalfall dürfte dies auch stimmen. Leider gilt dies nicht grundsätzlich. Es lässt sich für unseren Kopierer »L7750« zeigen, dass sich diese beiden optimalen Werte nicht entsprechen.

Der zukünftige Kapitalwert einer Folgeinvestition muss abgezinst werden. Und hierbei gilt: Je später die erste Investition durch eine Folgeinvestition ersetzt wird, umso geringer wird der heutige Kapitalwert der Folgeinvestition.

FHS-Verlag.de
Fachbuchverlag Holger Stöhr

2 Finanzplanung und Finanzbedarf

2.1 Kapitalbedarfsplanung

Finanzpläne

Es werden insbesondere die beiden folgenden Typen von Finanzplänen unterschieden:

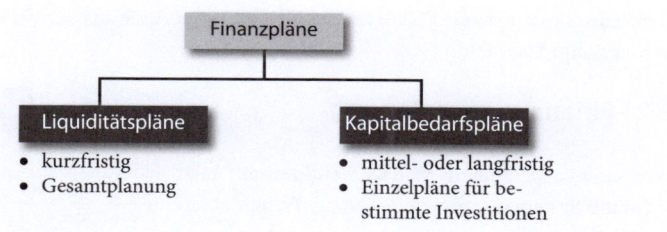

- **Liquiditätspläne** stellen die erwartete Entwicklung der Zahlungsmittelbestände der näheren Zukunft dar. Diese zumeist kurzfristigen Pläne werden für das gesamte Unternehmen bzw. Unternehmensgruppe/Konzern durchgeführt.

- **Kapitalbedarfspläne** sind hingegen auf einzelne Investitionen bezogen. Sie ermitteln den Bedarf an finanziellen Mitteln (= Kapitalbedarf) zur Durchführung einer Investition. Sie werden insbesondere bei bedeutenderen Investitionen (Gründung, Erweiterung, Erwerb weiterer Unternehmen) verwendet.

Kapitalbedarfspläne

Sofern eine bestimmte Investition geplant wird, muss zunächst der erforderliche Kapitalbedarf ermittelt bzw. geplant werden. Diese Kapitalbedarfspläne sind meist mittel- bis langfristig, da es für gewöhnlich mehrere Jahre dauert, bis sich solche Investitionen tragen und das in sie investierte Kapital erwirtschaften. Es werden zwei grundlegende Formen der Kapitalbedarfsplanung unterschieden:

2

- Zur Ermittlung des notwendigen Kapitals bis zur Inbetriebnahme einer Investition werden nur statische Kapitalbedarfspläne benötigt.

- Wenn die zeitliche Entwicklung des Kapitalbedarfs dargestellt werden soll, sind dynamische Kapitalbedarfspläne erforderlich.

Für eine statische Betrachtung kann eine Bilanz herangezogen werden. Auf der linken Seite müssten nun alle entscheidungsrelevanten Vermögenspositionen summiert werden, um den bilanziellen Kapitalbedarf der Investition zu erhalten. Zudem müssen Markteinführungs- und Gründungskosten sowie Fixkosten der Gründungsperiode aus der GuV berücksichtigt werden.

2.2 Finanzierungsplanung

Wie beim allgemeinen Managementkreislauf lässt sich eine Systematik für die Finanzwirtschaft ableiten, die aus vier wesentlichen Stufen besteht:

H 2012 II: A4a, 4 Pt.
H 2013 II: A3a, 3 Pt.
F 2016 II: A1b, 4 Pt.

- **Zielsystem (Ziele der Finanzierung)**: Zuerst müssen Ziele formuliert. Diese bestehen im Bereich der Finanzwirtschaft aus den Zielen des »Magischen Vierecks der Finanzierung«, das sich aus den Zielen **Liquidität, Rentabilität, Sicherheit** und **Unabhängigkeit** (Dispositionsfreiheit) zusammensetzen. Diese Ziele gelten sowohl für die Finanzierung als auch die Investition.

- **Planung** bzw. Analyse: Hier wird die Lage analysiert und Pläne erstellt. Dabei werden Investitionspläne und im Bereich der Finanzierung Kapitalbedarfs- und Liquiditätspläne erstellt.

- **Entscheidung**: Die möglichen Investitionspläne müssen bewertet werden. Die Investitionsrechnung erleichtert die fälligen Entscheidungen. Ebenso müssen die Finanzpläne umgesetzt werden. Hierfür stehen verschiedene Finanzierungsarten zur Auswahl.

- **Kontrolle**: Die Erreichung der Ziele muss ständig überprüft werden. Hierfür werden Kennzahlen verwendet.

FHS-Verlag.de
Fachbuchverlag Holger Stöhr

2.2.1 Fremdfinanzierung

Zunächst lassen sich Finanzierungsarten nach der Rechtsstellung der Kapitalgeber (Passivseite der Bilanz) unterscheiden (vgl. Kapitel 3.1):

- Die **Eigenfinanzierung** steht für alle Mittel, die dem Unternehmen von den Gesellschaftern als haftendes Eigenkapital zur Verfügung gestellt werden.

- Die **Fremdfinanzierung** steht für alle Mittel, die dem Unternehmen von Dritten zur Verfügung gestellt werden. Neben Bankdarlehen, Lieferantenschulden und Umsatzsteuerschulden zählen dazu auch bspw. Pensionsrückstellungen.

Kriterium	Eigenkapital	Fremdkapital
Rechtsstellung des Kapitalgebers	Eigentümer oder Gesellschafter	Gläubiger
Geschäftsführung	als Gesellschafter direkt (bspw. OHG) oder indirekt (bspw. AG)	kein Stimmrecht
Verzinsung des Kapitals	Gewinnausschüttung (wenn es gut läuft!)	feste Zinsen auf Fremdkapital
Laufzeit	unbegrenzt	zeitlich befristet
Haftung	mit Einlage oder Privatvermögen	keine Haftung, evtl. Kreditausfall

2.2.2 Eigenfinanzierung

siehe oben und Kapitel 3.1!

Hinweis:

Die Gliederung des Rahmenstoffplans ist teilweise sinnfrei und es gibt überflüssige Doppelungen.

2.2.3 Mezzanines Kapital

Für gewöhnlich können die Finanzierungsarten klar F 2013 II: A4c, 3 Pt. danach unterschieden werden, ob sie dem Eigen- oder dem Fremdkapital zuzurechnen sind. Sofern dies nicht möglich ist, handelt es sich um das sogenannte **Mezzanine Kapital** (ital. mezzo = halb). Zu diesen Zwischenformen zählen:

- **Stille Beteiligung**: Der stille Gesellschafter kann am Gewinn beteiligt werden. Eine Verlustbeteiligung kann ausgeschlossen werden. Damit haben wir schon eine Mischung aus Eigen- und Fremdfinanzierung. Vorsicht: Nicht jede Form der stillen Beteiligung stellt Mezzanines Kapital dar.

- **Genussscheine** stellen ebenfalls eine Mischung aus Eigenkapital (Gewinnbeteiligung) und Fremdfinanzierung (kein Mitspracherecht, feste Verzinsung) dar. Auch hier gibt es zahlreiche Varianten.

- **Wandelschuldverschreibungen**: vgl. Kap. 3.4.3.

- **Optionsschuldverschreibungen**: vgl. Kap. 3.4.3.

2.2.4 Sicherheiten

Zur Gewährung eines Kredites erwarten Banken F 2015 II: A2a-b, 13 Pt. bzw. Lieferanten eine Absicherung im Falle eines Zahlungsausfalls der Kreditnehmer. Hier wird zwischen dinglichen und persönlichen Sicherheiten unterschieden. Zu den dinglichen Sicherheiten zählen zunächst Grundpfandrechte, die dem Kreditgeber bei Immobilienkrediten und beim Zahlungsausfall des Kreditnehmers den Zugriff auf die Immobilie gewähren. Dabei werden zwei Varianten unterschieden, die beide ins Grundbuch eingetragen werden:

- Bei einer **Hypothek** gewährt eine Bank einen Immobilienkredit an einen Grundeigentümer, der diesen Kredit mit dem Grundstück/ Gebäude besichert. Sofern der Kredit getilgt ist, erlischt die Hypo-

the   Bindung der Hypothek an den Kredit wird als **akzesso-**
ris   chnet.

- Die   **schuld** ist vom Prinzip gleich, nur erlischt sie nicht bei
  Tilgung des Kredits. Das bedeutet nicht, dass der Kreditnehmer
  nach vollständiger Tilgung seines Darlehens noch eine Schuld gegenüber einer Bank hat. Aber der große Vorteil liegt darin, dass er
  relativ unbürokratisch und kostengünstig einen neuen Kredit aufnehmen kann, der durch die bestehende Grundschuld abgedeckt
  ist. Die Trennung von Kredit und Grundschuld wird als **fiduzia-**
  risch bezeichnet.

Nicht nur Banken möchten sich bei Darlehen absichern. Auch Lieferanten beabsichtigen eine Absicherung ihrer Lieferantenkredite:

- Beim **Eigentumsvorbehalt** bleibt der Lieferant (bspw. einer Maschine) so lange Eigentümer, bis der Käufer den Kaufpreis vollständig
  beglichen hat. Der Käufer der Maschine wird nur Besitzer und kann
  daher die Maschine zwischenzeitlich nutzen. Als Sonderfälle gibt
  es den erweiterten Eigentumsvorbehalt, bei dem sich das Eigentum
  auch auf eine verarbeitete Ware ausdehnt, sowie den verlängerten
  Eigentumsvorbehalt, bei dem sich das Eigentum auch auf Forderungen aus dem Verkauf der Gegenstände erstreckt.

- Bei der **Verpfändung** (Pfandrecht) von Wertgegenständen über-
  gibt der Kreditnehmer den Wertgegenstand als Sicherheit für den
  Kredit. Das gleiche Prinzip wird im Pfandhaus angewandt: Sie hinterlegen Ihre Uhr und bekommen einen geringeren Gegenwert als
  Kredit ausbezahlt. Das ist nur bei nicht betriebsnotwendigen Vermögensgegenständen sinnvoll. Sofern die Maschine zur Produktion
  von Gütern benötigt wird, entfällt diese Variante. Insbesondere die
  Verpfändung von Wertpapieren (Lombardierung) wird dabei von
  Banken intensiv genutzt.

- Für betriebsnotwendige Vermögensgegenstände könnte eine Bank
  zur Sicherheit auch die Form der **Sicherungsübereignung** wählen.
  Hier gewährt die Bank dem Industriebetrieb einen Kredit. Dieser
  besichert diesen Kredit mit seinen Maschinen. Da er diese zur Pro-

2

duktion benötigt, kann er sie nicht verpfänden. Daher überträgt er nur das Eigentum an die Bank – Besitzer bleibt er selbst. Da bei einer Eigentumsübertragung für gewöhnlich eine Einigung mit Übergabe erforderlich ist, diese aber bei Maschinen sinnfrei ist, wird das sogenannte **Besitzkonstitut** gewählt – Eigentumsübertragung ohne Besitzübergabe.

Zu den persönlichen Sicherheiten werden hingegen die folgenden Möglichkeiten gerechnet:

- **Bürgschaften** sind durch das zusätzliche Versprechen von weiteren natürlichen Menschen gekennzeichnet, im Falle eines Zahlungsausfalls des Kreditnehmers für diesen einzuspringen. Bürgschaften sind **akzessorisch** und hängen von einer bestehenden konkreten Forderung ab. Dabei werden zwei Formen unterschieden:

  - Bei der **Ausfallbürgschaft** steht dem Bürgen das Recht auf *Einrede der Vorausklage* (§771 BGB) zu. Somit kann er vom Gläubiger (der Bank) verlangen, dass er zuerst eine Zwangsvollstreckung gegenüber dem Hauptschuldner vornimmt.

  - Bei der selbstschuldnerischen Bürgschaft verzichtet der Bürge auf das Recht der *Einrede der Vorausklage*. Diese Form wird von Banken aus ersichtlichem Grunde bevorzugt.

- **Garantien** sind vom Prinzip den Bürgschaften ähnlich, sind aber nicht von einer konkreten Forderungsposition abhängig und damit **fiduziarisch**.

- **Patronatschaften** werden für gewöhnlich im Rahmen eines Konzerns von Muttergesellschaften für die jeweiligen Tochtergesellschaften abgegeben und entsprechen dabei zumeist einer Garantie.

FHS-Verlag.de
Fachbuchverlag Holger Stöhr

2.2.5 Leverage-Effekt

Zur Wiederholung die Formeln zur Rentabilität (vgl. Fach Rechnungswesen, WQ-Teil):

F 2009 II: A2a-c, 12 Pt.
F 2011 II: A3a-c, 8 Pt.
H 2012 II: A1a-b, 6 Pt.

- Die **Eigenkapitalrentabilität** (Unternehmerrentabilität) beschreibt die Rendite des eingesetzten Kapitals der Eigentümer des Unternehmens.

- Die **Gesamtkapitalrentabilität** (Unternehmensrentabilität) beschreibt die Rendite des investierten Kapitals – unabhängig davon, ob es von Eignern (erhalten Gewinne ausgeschüttet) oder Fremdkapitalgebern (erhalten Zinsen) stammt.

- Die **Umsatzrentabilität** setzt den Gewinn ins Verhältnis zum Umsatz des Unternehmens. Diese Kennzahl taugt nur bei Branchenvergleichen.

Definition des Leverage-Effekts: Wenn die Gesamtkapitalrentabilität größer als der Fremdkapitalzinssatz ist, kann die Eigenkapitalrentabilität durch einen verstärkten Fremdkapitaleinsatz erhöht werden.

Wenn die Gesamtkapitalrentabilität bspw. bei 5 Prozent liegt, bedeutet dies, dass jeder – egal ob durch Eigen- oder Fremdkapital – investierte Euro in unserem Unternehmen 5 Ct. pro Jahr erwirtschaftet. Liegt der Kreditzins für Fremdkapital bei 4 Prozent, zahlen wir für diesen Euro indessen nur 4 Ct. pro Jahr. Also könnten wir durch eine Fremdkapitalaufnahme zusätzliche Gewinne von 1 Ct. je Euro Kredit erzielen, die damit automatisch die Eigenkapitalrentabilität erhöhen.

Ein negativer **Leverage-Effekt** wird **Leverage risk** genannt (Gesamtkapitalrentabilität ist geringer als der Fremdkapitalzinssatz).

2

Fallstudie zu den folgenden Kennzahlen

A	Bilanz in T€		P
Anlagevermögen	500	Eigenkapital	250
Grundstücke/Gebäude	240		
BGA	260		
Umlaufvermögen	300	Fremdkapital	550
Eiserner Bestand	50	Darlehen (langfristig)	250
Vorräte	100	Rückstellungen (langfr.)	150
Forderungen	90	Lieferantenschulden	100
Wertpapiere	10	Kontokorrentkredit	20
Kasse, Bank	50	Sonstiges kurz. FK	30
Gesamtvermögen	800	Gesamtkapital	800

S	GuV in T€		H
Aufwendungen		Erträge	
Materialeinsatz	150	(Umsatz-) Erlöse	500
Personal	200	Sonstige Erträge	50
Abschreibungen	50		
Sonstige	100		
Zinsen	20		
Gewinn	30		
Summe	550	Summe	550

25. $\text{Eigenkapitalrentabilität} = \dfrac{\text{Gewinn}}{\text{Eigenkapital}} \times 100\,\% = \dfrac{30}{250} \times 100\,\% = 12\,\%$

26. $\text{Gesamtkapitalrentabilität} = \dfrac{(\text{Gewinn} + \text{Zinsaufwendungen})}{\text{Gesamtkapital}} \times 100\,\%$

$= \dfrac{(30 + 20)}{800} \times 100\,\% = \dfrac{50}{800} \times 100\,\% = 6,25\,\%$

27. $\text{Umsatzrentabilität} = \dfrac{\text{Gewinn}}{\text{Umsatz}} \times 100\,\% = \dfrac{30}{500} \times 100\,\% = 6\,\%$

Sofern der Fremdkapitalzinssatz 4 Prozent beträgt, liegt der Fall eines **Leverage-Effekts** vor. Sofern der Fremdkapitalanteil erhöht wird, kann die Eigenkapitalrentabilität gesteigert werden.

FHS-Verlag.de
Fachbuchverlag Holger Stöhr

2.3   Liquiditätsplanung

2.3.1 Definition der Liquidität

Investitionen binden finanzielle Mittel und vermin-   H 2010 II: A1a, 4 Pt.
dert damit die Liquidität bzw. die Zahlungsfähigkeit.

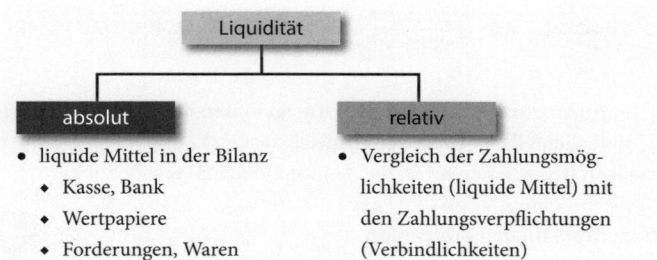

2.3.2 Statische Liquiditätskennzahlen

Es lassen sich mit Hilfe der Fallstudie auf der vorherigen Seite weitere
wichtige Kennzahlen ableiten.

Vertikale Bilanzkennzahlen

Die vertikalen Bilanzkennzahlen (**Eigenkapitalquo-**   H 2009 II: A6a, 2 Pt.
te, **Verschuldungskoeffizient**) betrachten jeweils   H 2013 II: A3b-c, 3 Pt.
nur Zahlen einer Bilanzseite und setzen diese in Relation zueinander:

28. $\text{Eigenkapitalquote} = \dfrac{\text{Eigenkapital}}{\text{Gesamtkapital}} \times 100\,\% = \dfrac{250}{800} \times 100\,\% = 31{,}25\,\%$

29. $\text{Fremdkapitalquote} = \dfrac{\text{Fremdkapital}}{\text{Gesamtkapital}} \times 100\,\% = \dfrac{550}{800} \times 100\,\% = 68{,}75\,\%$

30. $\text{Verschuldungskoeffizient} = \dfrac{\text{Fremdkapital}}{\text{Eigenkapital}} = \dfrac{550}{250} = 2{,}20$

2

Die Formeln zur Kapitalseite der Bilanz geben Auskunft über den **Verschuldungsgrad** des Unternehmens. Eine geringe **Eigenkapitalquote** deutet auf eine Überschuldung hin. Oftmals werden hier 25 %, 33,33 % oder gar 50 % gefordert.

31. $\text{Anlagenintensität} = \dfrac{\text{Anlagevermögen}}{\text{Gesamtvermögen}} \times 100\,\% = \dfrac{500}{800} \times 100\,\% = 62,50\,\%$

32. $\text{Umlaufintensität} = \dfrac{\text{Umlaufvermögen}}{\text{Gesamtvermögen}} \times 100\,\% = \dfrac{300}{800} \times 100\,\% = 37,50\,\%$

Die Formeln zur Vermögensseite (**Anlagenintensität, Umlaufintensität**) sind allenfalls im Branchenvergleich aussagekräftig. In bestimmten Branchen (bspw. Chemie) ist die Anlagenintensität relativ hoch.

Horizontale Bilanzkennzahlen

Es wird geprüft, inwiefern die Fristen auf der linken Seite der Bilanz mit den Fristen der rechten Seite übereinstimmen (= **Fristenkongruenz**).

F 2011 II: A2a, 1 Pt.
H 2013 II: A3b-c, 3 Pt.
F 2016 II: A1c, 6 Pt.

33. $\text{Anlagendeckung I} = \dfrac{\text{Eigenkapital}}{\text{Anlagevermögen}} \times 100\,\% = \dfrac{250}{500} \times 100\,\% = 50\,\%$

34. $\text{Anlagendeckung II} = \dfrac{\left(\text{Eigenkapital} + \text{langfristiges FK}\right)}{\text{Anlagevermögen}} \times 100\,\%$

$= \dfrac{\left(250 + 400\right)}{500} \times 100\,\% = 130\,\%$

35. $\text{Anlagendeckung III} = \dfrac{\left(\text{Eigenkapital} + \text{langfristiges FK}\right)}{\left(\text{Anlagevermögen} + \text{langfr. UV}\right)} \times 100\,\%$

$= \dfrac{\left(250 + 400\right)}{\left(500 + 50\right)} \times 100\,\% = 118,18\,\%$

Die **Anlagendeckungsgrade I bis III** untersuchen, inwiefern das langfristig gebundene Vermögen (Anlagevermögen + ggf. das langfristig gebundene Umlaufvermögen) durch langfristiges Kapital finanziert ist.

FHS-Verlag.de
Fachbuchverlag Holger Stöhr

Dabei sollten sowohl der II. und der III. Grad über 100 Prozent liegen, um die Fristenkongruenz zu gewährleisten.

36. $\text{Liquidität I} = \dfrac{\left(\text{Kasse} + \text{Bank} + \text{Wertpapiere des UV}\right)}{\text{kurzfristiges Fremdkapital}} \times 100\,\%$

$= \dfrac{\left(50+10\right)}{150} \times 100\,\% = 40\,\%$

37. $\text{Liquidität II} = \dfrac{\left(\text{Kasse} + \text{Bank} + \text{Wertpapiere des UV} + \text{FLL}\right)}{\text{kurzfristiges Fremdkapital}} \times 100\,\%$

$= \dfrac{\left(50+10+90\right)}{150} \times 100\,\% = 100\,\%$

38. $\text{Liquidität III} = \dfrac{\left(\text{Kasse} + \text{Bank} + \text{Wertpapiere des UV} + \text{FLL} + \text{Vorräte}\right)}{\text{kurzfristiges Fremdkapital}} \times 100\,\%$

$= \dfrac{\left(50+10+90+100\right)}{150} \times 100\,\% = 166{,}67\,\%$

39. $\text{Working capital ratio in }\% = \dfrac{\text{Umlaufvermögen}}{\text{kurzfristiges Fremdkapital}} \times 100\,\%$

$= \dfrac{300}{150} \times 100\,\% = 200\,\%$

Ziel der **Liquiditätsgrade I bis III** ist, zu prüfen, ob das kurzfristig fällige Fremdkapital durch kurzfristig liquidierbares Vermögen abgedeckt ist (ansonsten Gefahr der Illiquidität). Hier sollte zumindest der Liquiditätsgrad III deutlich über 100 Prozent liegen. Ist der erste Liquiditätsgrad hingegen zu hoch, deutet es auf unrentable Anlagen hin.

Finanzierungsgrundsätze: »Goldene Regeln«

- Die »**Goldene Bilanzregel**« besagt, dass langfristig gebundenes Vermögen durch langfristiges Kapital gedeckt sein muss (Anlagendeckung II bzw. III ≥ 100 %).

- Die »**Goldene Bankregel**« verlangt eine Deckung der kurzfristigen Schulden durch kurzfristig liquidierbares Vermögen (Liquiditätsgrad II bzw. III ≥ 100 %). **Alternativ**: Eigenkapital ≥ Anlagevermögen bzw. Anlagendeckung I ≥ 100 %.

2

Ziele der Fristenkongruenz

Die Deckungs- und Liquiditätsgrade sind die zwei Seiten einer Medaille. Ziele der Fristenkongruenz sind: 1. langfristiges Kapital ≥ langfristiges Vermögen und 2. kurzfristiges Vermögen ≥ kurzfristige Schulden.

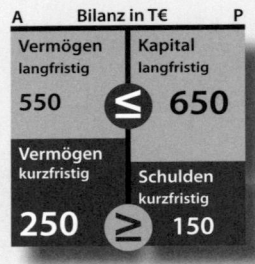

Maßnahmen zur Verbesserung der Liquiditätssituation

- Forderungen schneller eintreiben, bspw. durch Factoring oder kürzere Zahlungsziele.

H 2009 II: A6d, 2 Pt.
F 2011 II: A2b, 3 Pt.
H 2013 II: A3d, 3 Pt.

- Verbindlichkeiten später begleichen durch längere Zahlungsziele bei unseren Lieferanten.

- Abbau von (überflüssigen) Vorräten.

- Einführung von Anzahlungen durch Kunden.

- Verkauf von nicht betriebsnotwendigem Anlage- und Umlaufvermögen (bspw. Wertpapiere, Gebäude und Grundstücke).

- Sale-and-lease-back: Verkauf und danach Anmietung von Vermögensgegenständen erhöht kurzfristig die Liquiditätssituation.

FHS-Verlag.de
Fachbuchverlag Holger Stöhr

2.3.3 Dynamischer Liquiditätsplan

Ziel der Liquiditätsplanung ist die Analyse der Entwicklung der erwarteten Zahlungseingänge und -ausgänge in der näheren Zukunft in Verbindung mit den vorhandenen liquiden Mitteln. Daraus lassen sich ggf. zukünftige Zeitpunkte oder Zeiträume (Tage, Wochen, Monate oder Quartale) ermitteln, in denen es einen Fehlbestand oder einen Überschuss an liquiden Mitteln gibt. In solchen Fällen liefert die Liquiditätsplanung wichtige Informationen zum Einsatz finanzwirtschaftlicher Instrumente. Wenn ein länger andauernder Überschuss zu erwarten ist, sind zur Sicherung der Rentabilität entsprechende Anlagemöglichkeiten zu suchen. Bestehen hingegen zeitweilig Finanzierungsdefizite, sind zur Sicherung der Liquidität entsprechende Finanzierungsmöglichkeiten zu suchen.

H 2010 II: A1b, 6 Pt.
H 2016 II: A3a-b, 13 Pt.

Der grundsätzliche Aufbau eines Liquiditätsplans beinhaltet in den Spalten den Planungshorizont. Dieser betrachtet für die nähere Zukunft die nächsten x Tage, Wochen, Monate oder Quartale. Dabei wird für gewöhnlich zwischen Soll- und Istwerten unterschieden, um für die Zukunft eine bessere Planungsqualität zu erhalten. In den Zeilen werden die Zahlungsmittelanfangsbestände, die Zugänge in Form von Einzahlungen, die Abgänge in Form von Auszahlungen und zum Schluss der Zahlungsmittelendbestand erfasst.

Der Zahlungsmittelendbestand eine Planungszeitraums (bspw. Feb. 2017) ergibt sich nach dem folgenden Berechnungsschema und ist gleichzeitig der Zahlungsmittelanfangsbestand des folgenden Zeitraums (bspw. März 2017):

Zahlungsmittelanfangsbestand (I.)
+ Summe der Einzahlungen (II.)
− Summe der Auszahlungen (III.)
= Zahlungsmittelendbestand (IV.)

2

Liquiditätsplan in T€	Jan. 2017		Feb. 2017		März 2017		April 2017	
	Soll	Ist	Soll	Ist	Soll	Ist	Soll	Ist
I. Zahlungsmittelanfangsbestand	+25		+35		+100		– 40	
II. Einzahlungen – Summe	300		315		310		320	
Umsatzerlöse	280		280		280		280	
Sonstige Einzahlungen	20		35		30		40	
III. Auszahlungen – Summe	290		250		450		250	
Finanzanlagen	60		0		150		0	
Investitionsgüter	30		50		100		50	
Kauf von Werkstoffen	70		70		70		70	
Löhne/Gehälter	80		80		80		80	
Sonstige	50		50		50		50	
IV. Zahlungsmittelendbestand	+35		+100		– 40		+30	

Sobald ein Monat vorbei ist, wird die Soll-Planung mit den Ist-Werten verglichen. Zudem werden Liquiditätspläne zumeist rollierend (bzw. rollend oder gleitend) geplant:

Die gleitende (bzw. rollende/rollierende) Planung

Planungshorizont (1 Monat genau, 2 Monate eher vage)

	01/17	02/17	03/17	04/17	05/17	06/17	07/17	08/17
Dez. 16								
Jan. 17								
Feb. 17								
März 17								
April 17								
Mai 17								

Zeitpunkt der Planung

Gleitende, rollierende bzw. **rollende Planung** steht dabei für eine Planung, deren Planungshorizont immer gleich weit in die Zukunft reicht und jeden neuen Monat angepasst wird. Im Feb. 2017 reicht der **Planungshorizont** daher von März 2017 bis Mai 2017.

3 Finanzierungsarten

3.1 Innen- und Außenfinanzierung

Zu den wesentlichen Aspekten bei der Wahl der Finanzierungsart zählen:

- Kapitalbedarf – Höhe und Dauer

- Unternehmensgröße

- Zugang zu Kapitalmärkten und Bonität

- Gesellschafterstruktur (Anzahl, Finanzkraft, Homogenität usw.)

Dabei werden die zahlreichen Finanzierungsarten nach verschiedenen Kriterien unterschieden.

Zunächst können Finanzierungsarten nach der **Rechtsstellung der Kapitalgeber** unterschieden werden. Dies ist gleichbedeutend mit der Frage wo sie in der rechten Seite der Bilanz auftauchen:

- **Eigenfinanzierung** betrifft alle Positionen des Eigenkapitals.

- **Fremdfinanzierung** bezieht sich entsprechend auf das Fremdkapital eines Unternehmens (Rückstellungen und Verbindlichkeiten).

Die für uns wesentlichere Unterscheidung ist die zwischen Innen- und Außenfinanzierung:

- Die **Innenfinanzierung** steht für alle Finanzierungsarten, bei denen kein zusätzliches Kapital von außen zugeführt werden muss, sondern das Kapital intern bereitgestellt wird.

- Bei der **Außenfinanzierung** werden hingegen zusätzliche Mittel von außen zugeführt.

3

Finanzierungsarten im Überblick

Die 7 Gruppen von Finanzierungsarten lassen sich danach unterscheiden, ob sie dem Eigen- oder Fremdkapital zuzuordnen sind (Ausnahme: Mezzanines Kapital und Vermögensumschichtungen) und ob sie Innen- oder Außenfinanzierung darstellen.

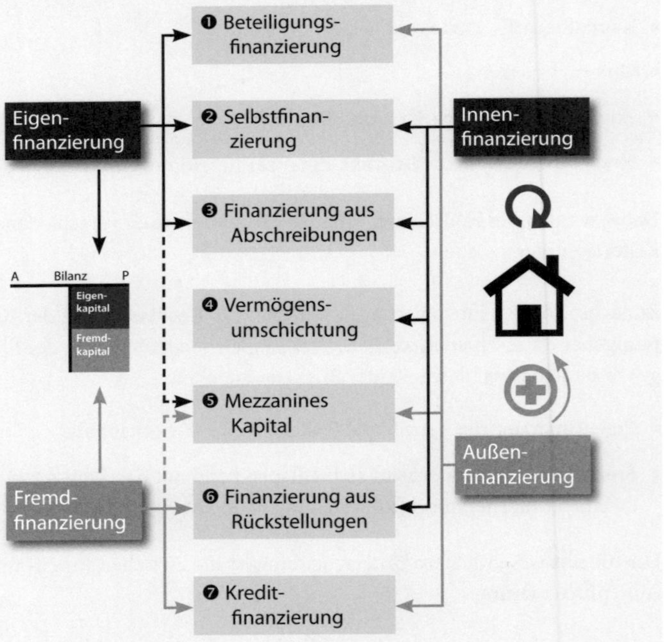

```
                        ❶ Beteiligungs-
                          finanzierung

  Eigen-                 ❷ Selbstfinan-          Innen-
  finanzierung             zierung              finanzierung

                        ❸ Finanzierung aus
                          Abschreibungen

  A    Bilanz    P       ❹ Vermögens-
    Eigen-                 umschichtung
    kapital
    Fremd-
    kapital             ❺ Mezzanines
                          Kapital
                                                Außen-
  Fremd-                ❻ Finanzierung aus      finanzierung
  finanzierung            Rückstellungen

                        ❼ Kredit-
                          finanzierung
```

❶ Die **Beteiligungsfinanzierung** steht für die Zuführung von Eigenkapital der Unternehmer bzw. Gesellschafter von außen.

❷ Bei der **Selbstfinanzierung** werden erzielte Gewinne nicht an die Gesellschafter ausgeschüttet, sondern im Unternehmen belassen und dienen damit der Finanzierung von Investitionen.

❸ Die **Finanzierung aus Abschreibungen** resultiert aus dem Zufluss von Mitteln durch Umsatzerlöse, denen aber in Form der Abschreibungen kein zeitgleicher Mittelabfluss entgegensteht. Somit können bis zur Neuinvestition diese Abschreibungsrückflüsse zur Finanzierung verwendet werden.

❹ Sofern bestimmte Vermögensbestandteile veräußert und damit andere erworben werden, spricht man von **Vermögensumschichtung** bzw. **Umfinanzierung**. Diese Form der Finanzierung findet ihren Niederschlag nur auf der Aktivseite der Bilanz (= **Aktivtausch**).

❺ Bestimmte Finanzierungsformen stellen eine Mischform zwischen Eigen- und Fremdfinanzierung dar. Zu diesem **Mezzaninen Kapital** zählen bspw. Genussscheine, die durch eine feste Verzinsung und zudem eine gewinnabhängige Komponente gekennzeichnet sind.

❻ Die **Finanzierung aus Rückstellungen** resultiert aus der Tatsache, dass Rückstellungen zukünftige, voraussichtliche Auszahlungen darstellen, die aber bis dahin als Finanzierungsquelle dienen können. So sind Pensionsrückstellungen Schulden gegenüber den Mitarbeitern.

❼ Die klassische **Kreditfinanzierung** kann mittel- bis langfristig in Form von Darlehen oder Anleihen und kurzfristig bspw. in Form von Kontokorrentkrediten erfolgen.

Wie uns die Abbildung oben veranschaulicht, sind Fremd- und Außenfinanzierung nicht deckungsgleich. Dies zeigt sich bspw. bei der Finanzierung aus Rückstellungen, die zwar eine Fremdfinanzierung, aber keine Außenfinanzierung darstellt. Entsprechend sind Eigen- und Innenfinanzierung nicht identisch.

3.2 Eigen- und Fremdfinanzierung

siehe Kapitel 2.2.1, 2.2.2 und 3.1!

3

3.3 Innenfinanzierung

3.3.1 Selbstfinanzierung

Im Gegensatz zur Außenfinanzierung fließen dem Unternehmen bei der Innenfinanzierung keine zusätzlichen Mittel von außen zu. Korrekterweise müsste man eigentlich ergänzen, dass keine Mittel von außen zum Zwecke der Finanzierung zufließen. Denn auch bei den verschiedenen Formen der Innenfinanzierung muss Geld von außen durch Erlöse zufließen. Aber diese Zuflüsse erfolgen eben nicht zum Zweck der Finanzierung.

F 2014 II: A4, 3 Pt.
H 2015 II: A2b, 3 Pt.

Bei der **Selbstfinanzierung** werden zwei Formen unterschieden:

- Bei der **offenen Selbstfinanzierung** werden in der GuV ermittelte und ausgewiesene Gewinne nicht an die Gesellschafter ausgeschüttet (bspw. Dividende bei Aktiengesellschaften), sondern im Unternehmen zum Zwecke der Finanzierung als Bilanzgewinn belassen und erhöhen damit das Eigenkapital. Damit handelt es sich auch um eine Form der **Eigenfinanzierung**. Ein etwas peinlicher Wichtigtuerbegriff hierfür wäre **Gewinnthesaurierung** (thesaurieren > Geld horten), der aber nicht mehr aussagt als Nicht-Ausschüttung von Gewinnen.

- Sofern **stille Reserven** gebildet werden, werden nicht alle tatsächlich erzielten Gewinne ausgewiesen und werden dann für gewöhnlich auch nicht ausgeschüttet. Diese Form der **stillen Selbstfinanzierung** kann einerseits im Rahmen der gesetzlichen Möglichkeiten vom Vorstand bewusst eingesetzt werden, um eigene Mittel im Unternehmen zu behalten. Es muss aber bedacht werden, dass aufgrund der handelsrechtlichen Bilanzvorschriften im HGB in Deutschland automatisch stille Reserven gebildet werden müssen. So fordert das **Vorsichtsprinzip** eine Berücksichtigung von noch nicht realisierten Verlusten. Noch nicht realisierte Gewinne dürfen aber nicht ausgewiesen werden.

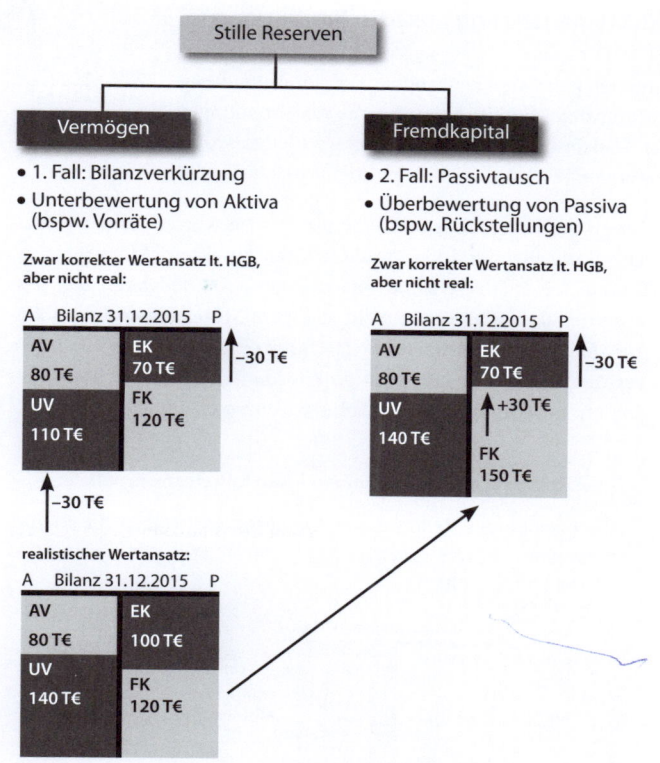

Es gibt grundsätzlich zwei Möglichkeiten der Bildung von stillen Reserven:

- Unterbewertung der Aktiva

- Überbewertung der Schulden (insbesondere Rückstellungen)

still = nicht sichtbar in der Bilanz / versteckt

3.3.2 Finanzierung aus Abschreibungen

Ein nicht ganz so naheliegender Fall der Innenfinanzierung stellt die Finanzierung aus Abschreibungen dar. Dabei werden zwei Effekte unterschieden, wobei

| F 2012 II: A1, 6 Pt. |
| F 2014 II: A4, 3 Pt. |
| H 2015 II: A2b, 3 Pt. |

der eine Effekt den anderen bedingt und damit der wichtigere ist:

- Sofern Abschreibungen als kalkulatorische Kosten in die Kalkulation eingehen und via Umsatzlösen zu einem Mittelrückfluss führen, folgert der **Kapitalfreisetzungseffekt.** Bedenken Sie, dass Abschreibungen hingegen nicht zu einem Mittelabfluss führen. Somit steht der Mittelrückfluss via Umsatzlöse so lange zur freien Verfügung, bis eine Reinvestition erforderlich ist. Damit handelt es sich um finanzielle Mittel und eine vorübergehende Finanzierung.

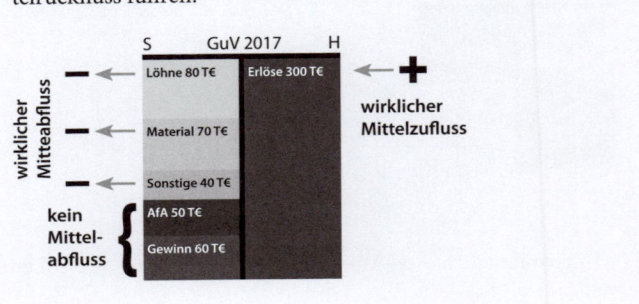

Finanzierung aus Abschreibungen – Kapitalfreisetzungseffekt

Abschreibungen stellen einen Cashflow dar, sofern Sie in die Preise einkalkuliert werden, und als Umsatzlöse zu einem Mittelrückfluss führen:

- Wozu kann dieser Mittelzufluss verwendet werden? Nun, wie jede Finanzierung stehen die Mittel für Investitionen, für Schuldentilgung etc. zur Verfügung. Sofern die Mittel zur Investition in neue Maschinen verwendet wird, spricht man vom **Kapazitätserweiterungseffekt** (**Lohmann-Ruchti-Effekt**). Damit können mehr Maschinen, als ursprünglich angeschafft wurden, genutzt werden.

    FHS-Verlag.de Fachbuchverlag Holger Stöhr

Zahlenbeispiel zum Kapazitätserweiterungseffekt

3

Der Kapazitätserweiterungseffekt (Lohmann-Ruchti-Effekt) lässt sich durch ein Zahlenbeispiel in einer Tabelle veranschaulichen. Dabei gehen wir von einer anfänglichen Investitionssumme von 50 T€ aus. Die Anschaffungskosten je Maschine betragen 5 T€. Die Nutzungsdauer beträgt 5 Jahre. Es lassen sich folgende Ergebnisse ableiten:

- Zu Beginn können mit 50 T€ 10 Maschinen gekauft werden ❶.

- Bei einer Nutzungsdauer von 5 Jahren beträgt die Abschreibung (= AfA) je Maschine pro Jahr 1 T€. 10 Maschinen summieren sich damit im 1. Jahr zu einer AfA von 10 T€ ❷.

■ Zahlenbeispiel zum Kapazitätserweiterungseffekt						
n	fl. Mittel AB	neue Masch.	Investition	Masch. AB	Buchwert AB	AfA
1	50.000	❶ 10	50.000	10	50.000	❷ 10.000
2	❸ 10.000	❹ 2	10.000	❹ 12	❺ 50.000	❻ 12.000
3	❻ 12.000	2	10.000	14	❺ 48.000	❼ 14.000
4	❼ 16.000	3	15.000	17	49.000	17.000
5	18.000	3	15.000	20	47.000	20.000
6	23.000	4	20.000	❽ 14	47.000	14.000
7	17.000	3	15.000	15	48.000	15.000
8	17.000	3	15.000	16	48.000	16.000
9	18.000	3	15.000	16	47.000	16.000
10	19.000	3	15.000	❾ 16	46.000	16.000
11	20.000	4	20.000	16	50.000	16.000
12	16.000	3	15.000	16	49.000	16.000

- Sofern die Abschreibungen in die Preise einkalkuliert werden und vollständig als Umsatzerlöse zurück ins Unternehmen fließen (wovon wir ausgehen) haben wir zu Beginn des 2. Jahres flüssige Mittel in Höhe von 10 T€ zur Verfügung ❸.

- Damit können im 2. Jahr 2 neue Maschinen zu je 5 T€ gekauft werden ❹. Dies erhöht den Bestand zu Beginn des 2. Jahres auf 12.

- Der Buchwert zum Jahresanfang ergibt sich, wenn vom Buchwert AB des Vorjahres die vorjährigen Abschreibungen abgezogen und die Investitionen des aktuellen Jahres hinzugezählt werden ❺.

3

- Für 12 Maschinen erhalten wir im 2. Jahr 12 T€ AfA ❻. Diese stehen im 3. Jahr als flüssige Mittel zu Beginn zur Verfügung. Damit können wiederum 2 Maschinen für 10 T€ gekauft werden. Dabei verbleibt allerdings ein Überschuss von 2 T€, der im 4. Jahr zum Anfangsbestand der flüssigen Mittel addiert wird ❼.

- Der Anfangsbestand an flüssigen Mitteln ergibt sich aus den übrigen Mitteln des Vorjahres und den Abschreibungsrückflüssen ❼.

- Zunächst erhöht sich jährlich der Bestand an Maschinen. Ab dem 6. Jahr muss aber berücksichtigt werden, dass die ursprünglich gekauften 10 Maschinen aus dem Bestand fallen, da sie vollständig abgeschrieben wurden. Der Anfangsbestand an Maschinen ist daher der AB des Vorjahres zuzüglich des Kaufs an neuen Maschinen abzüglich der aus dem Bestand abgeschriebenen Maschinen ❽.

- Der Bestand an Maschinen pendelt sich ab einem bestimmten Zeitpunkt ein ❾. Als Näherungsformeln kann hier die folgende Formeln genutzt werden: Bestand $= (2 \times ND \div (ND + 1)) \times$ Maschinenanzahl. Hier erhalten wir: Bestand $= (2 \times 5 \div (5 + 1)) \times 10 = (10 \div 6) \times 10 = 16{,}67$ Maschinen. Dies gilt natürlich nur unter optimalen Bedingungen. Mit dem konstanten Ergebnis von 16 Maschinen liegen wir hier recht nahe.

3.3.3 Finanzierung aus Rückstellungen

Bei gewöhnlichen Verbindlichkeiten steht sowohl F 2014 II: A4, 3 Pt. der Fälligkeitszeitpunkt als auch die Höhe der zu zahlenden Summe fest (bspw. für Lieferantenschulden und Bankverbindlichkeiten). Bei Rückstellungen steht hingegen weder der genaue Zahlungszeitpunkt noch die genaue Höhe fest. Zu den Rückstellungen zählen u. a.:

- **Pensionsrückstellungen**: Sofern Unternehmen den Mitarbeitern Betriebspensionen versprechen, handelt es sich um Schulden gegenüber den Mitarbeitern, deren genaue Auszahlung und Höhe unbekannt sind.

- **Rückstellungen aus laufenden Prozessen**: Auch hier ist der genaue Zeitpunkt der Zahlung sowie deren Höhe unbekannt. Ein aktuelles Beispiel stellen die Probleme von Volkswagen dar.

- **Rückstellungen für unterlassene Instandhaltungen**: Für notwendige Reparaturen sind entsprechende Rückstellungen zu bilden.

- **Rückstellungen für Garantie und Gewährleistung**: Auch hier kann nicht genau vorhergesagt werden, in welchem Umfang und zu welchem Zeitpunkt Garantiefälle anfallen.

- **Rückstellungen für drohende Verluste aus laufenden Geschäften**: Bei risikobehafteten Geschäften können bspw. Wechselkursrisiken schon während der laufenden Geschäftstätigkeit vorausgesehen werden, ohne deren endgültige Höhe und Zeitpunkt zu kennen.

- **Rückstellungen im Bereich der Umwelt**: Für den Fall einer notwendigen Renaturierung (bspw. im Braunkohletagebau) sind entsprechende Rückstellungen zu bilden.

Grundsätzlich stellen Rückstellungen Schulden und damit Fremdkapital dar und werden in der Bilanz auf der Passivseite geführt. Sie dürfen nicht mit Rücklagen verwechselt werden, die zum Eigenkapital zählen.

3.3.4 Finanzierung aus Kapitalfreistellung

Sofern bestimmte Vermögensbestandteile veräußert werden und damit andere erworben werden, spricht man von **Vermögensumschichtung** bzw. Umfinanzierung. So könnten bspw. bestimmte Aktienbeteiligungen verkauft werden, und damit andere Beteiligungen erworben werden. Diese Form der Finanzierung findet ihren Niederschlag nur auf der Aktivseite der Bilanz (= Aktivtausch).

A	Bilanz	P
Zugänge +		
Abgänge −		

→ Desinvestition
→ Rationalisierung
(schnellere Durchlaufzeit, Materialeinsparung)

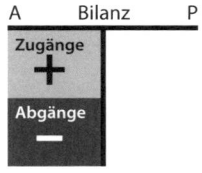

3

3.4 Außenfinanzierung

3.4.1 Beteiligungen

Die Zuführung von neuem Kapital von außen durch   H 2010 II: A3, 4 Pt.
die Gesellschafter zum Zwecke der Beteiligung am Unternehmen wird
Beteiligungsfinanzierung genannt. Je nach Rechtsform gestaltet sich das
sehr unterschiedlich.

Aktiengesellschaft

Die **Aktiengesellschaft** (**AG**) ist eine Kapitalgesellschaft – folglich haftet
niemand persönlich. Sie besitzt drei Organe:

- In der **Hauptversammlung** sitzen die Gesellschafter (Aktionäre),
  die sich zumindest einmal jährlich treffen und grundlegende Entscheidungen fällen.

- Der **Aufsichtsrat** setzt sich aus den von der Hauptversammlung gewählten Gesellschaftervertretern und den von den Arbeitnehmern
  gewählten Mitgliedern zusammen. Er kontrolliert den Vorstand
  und informiert die Hauptversammlung. Zudem besteht er aus mindestens drei Mitglieder und tagt mindestens einmal pro Quartal.

- Der **Vorstand** wird durch den Aufsichtsrat bestellt, führt die Ge-
  schäfte des Unternehmens und vertritt das Unternehmen nach außen. Er berichtet an den Aufsichtsrat.

Zu den spezifischen Elementen einer AG (bzw. KGaA) zählen:

- **Stammaktien** stellen die gewöhnlichste Form der Aktien dar. Sie
  gewähren u. a. volles Stimmrecht und Dividende. **Vorzugsaktien**
  haben zunächst mal einen Nachteil: Sie haben kein Stimmrecht.
  Dieser Nachteil wird zumeist durch den Vorteil einer höheren Dividende ausgleichen.

- Die traditionelle Aktie in Deutschland hat einen festen Nennwert,
  der auch auf der Aktienurkunde der **Nennwertaktien** stand. Eine

Emission unter Nennwert (= unter pari) ist nicht erlaubt. Sofern die Aktie über pari emittiert wird, werden diese Überschüsse den Kapitalrücklagen (als Teil des Eigenkapitals) zugeführt. Gerade die Euro-Umstellung hätte zu ungeraden Nennwerten geführt, weshalb viele Unternehmen zu **Stückaktien** geschwenkt sind. **Quotenaktien** sind in Deutschland nicht erlaubt und geben einfach den Anteil der Beteiligung an einem Unternehmen an.

- Im Normalfall handelt es sich bei den an der Börse gehandelten Aktien um **Inhaberaktien**, die der jeweilige Inhaber besitzt. Bei **Namensaktien** hingegen muss der Name und Anschrift des Aktionärs in die Aktienrolle der Aktiengesellschaft eingetragen werden. Dies hat für Aktiengesellschaften den Vorzug, dass sie wissen, wer am Unternehmen wie stark beteiligt ist. Bei **vinkulierten Namensaktien** muss die Aktiengesellschaft beim Verkauf der Aktie durch einen Aktionär zustimmen bzw. kann einen Verkauf verhindern.

4 Formen der Kapitalerhöhung bei der Aktiengesellschaft

- Bei einer **ordentlichen Kapitalerhöhung** beschließen die Aktionäre einer AG in der Hauptversammlung mit einer 3/4-Mehrheit eine Neuausgabe von Aktien und damit eine Kapitalerhöhung.

- Wenn sich der Vorstand einer AG von den Aktionären in der Hauptversammlung für die Zukunft die Möglichkeit geben möchte, zu einem günstigen Zeitpunkt ggf. schnell neue Aktien zu emittieren, spricht man von **genehmigtem Kapital**. Diese Genehmigung kann für max. 5 Jahre erteilt werden.

- Eine **bedingte Kapitalerhöhung** liegt vor, wenn heute Bedingungen geschaffen werden, die in Zukunft eine Kapitalerhöhung ermöglichen. Dazu zählen bspw. die weiter unten beschriebenen Wandel- und Optionsschuldverschreibungen.

- Die **Kapitalerhöhung aus Gesellschaftermitteln** ist eigentlich gar keine wirkliche Kapitalerhöhung im Sinne einer Zuführung von neuen Mitteln von außen. Vielmehr werden hier nur Gewinn-/Kapitalrücklagen in Grundkapital umgewandelt.

3

Bezugsrecht bei der Emission junger Aktien

Zudem ist das **Bezugsrecht** bei der Emission neuer Aktien sehr bedeutsam. Wenn neue Aktien emittiert werden, haben Altaktionäre für gewöhnlich ein Vorkaufsrecht zum Erwerb der jungen Aktien. Dieses Bezugsrecht kann an der Börse gehandelt werden. Der Wert des Bezugsrechts kann rechnerisch einfach ermittelt werden.

Zahlenbeispiel zum Bezugsrecht bei einer Neuemission von Aktien

Es befinden sich aktuell 1 Mio. Aktien zum Kurs von 100 € im Umlauf. Nun soll die Emission von 0,5 Mio. jungen Aktien zum Kurs von 85 € stattfinden.

Zunächst können wir das Bezugsrecht mit der folgenden Formel berechnen:

$$40.\ \text{Bezugsrechtsverhältnis} = \frac{\text{alte Aktien}}{\text{junge Aktien}} = \frac{1\ \text{Mio.}}{0,5\ \text{Mio.}} = \frac{2}{1} = 2:1$$

Damit lassen sich auch der Wert des an der Börse handelbaren Bezugsrechts und der Kurs nach Emission der Aktie berechnen:

$$41.\ \text{Wert des Bezugsrechts} = \frac{(\text{Kurs alte Aktie} - \text{Kurs junge Aktie})}{(\text{Bezugsverhältnis} + 1)}$$

$$= \frac{(100\ € - 85\ €)}{(\frac{2}{1} + 1)} = \frac{15\ €}{3} = 5\ € \text{ je Bezugsrecht}$$

42. Kurs der Aktie nach Emission =

= Kurs der alten Aktie − Wert des Bezugsrechts

=100 € − 5 € = 95 € je Aktie

Grundsätzlich stehen dem Altaktionär mit dem Bezugsrecht zwei Möglichkeiten zur Verfügung. Gehen wir davon aus, dass ein Aktionär 1.000 Aktien besitzt. Es entsteht in keinem Fall ein Verlust:

FHS-Verlag.de
Fachbuchverlag Holger Stöhr

1. Fall: Inanspruchnahme des Bezugsrechts

3

- Je alter Aktie verliert der Aktionär 5 € (= 100 € - 95 €). 5 € je Aktie × 1.000 Aktien = 5.000 €.

- Für seine 1.000 Aktien erhält er jeweils 1 Bezugsrecht. Mit den 1.000 Bezugsrechten kann er 500 junge Aktien zum Preis von 85 € erwerben. Diese sind aber letztlich ebenfalls 95 € wert. Folglich erzielt er je junger Aktie einen Gewinn von 10 € (95 € - 85 €) – multipliziert mit 500 jungen Aktien ergibt das einen Gewinn von 5.000 €.

- Somit ist der Nettoeffekt gleich 0 €.

- Vorteil: Wenn er die Bezugsrechte nutzt, kann er seine Beteiligungsquote am Unternehmen mit 0,1 % erhalten. Nachteil: Es ist ein zusätzlicher Kapitalbedarf erforderlich. 1.000 alte Aktien mit 1.000 Bezugsrechten zum Erwerb von 500 jungen Aktien kosten 500 Aktien × 85 € = 42.500 €.

2. Fall: Verkauf des Bezugsrechts an der Börse

- Je alter Aktie verliert der Aktionär auch hier 5 € (= 100 € - 95 €). 5 € je Aktie × 1.000 Aktien = 5.000 €. Dafür kann er für 1.000 Aktien jeweils 1 Bezugsrecht an der Börse verkaufen, dessen Wert jeweils 5 € ist = 5.000 €. Somit ist der Nettoeffekt ebenfalls gleich 0 € – er erleidet weder einen Verlust noch einen Gewinn.

- Vorteil: Es ist kein zusätzlicher Kapitalbedarf zum Kauf der jungen Aktien erforderlich.

- Nachteil: Wenn er die Bezugsrechte verkauft, kann er seine Beteiligungsquote am Unternehmen nicht halten.

3.4.2 Kurzfristige Kredite

Kreditfinanzierung als Form der Außen- und Fremdfinanzierung kennt verschiedene Varianten:

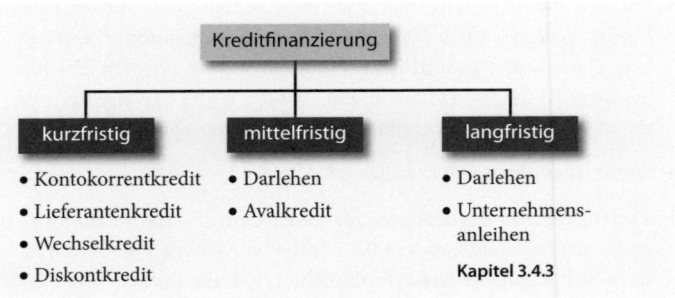

Kontokorrektkredit

Speziell für kurzfristigen, stark schwankenden Finanzierungsbedarf sind Kontokorrentkredite geeignet. In diesen Fällen müssen weder Sie noch das Unternehmen immer neu mit der Bank diese kurzfristigen Finanzierungslücken mit der Bank durch Darlehen absprechen. Die Bank räumt Ihnen und den Unternehmen ein gewisses Kreditlimit ein – den sogenannten Kontokorrentkredit. Die Vorteile liegen dabei in einer unbürokratischen und variablen Kreditinanspruchnahme. Gegenüber Darlehen muss allerdings mit höheren Zinsen gerechnet werden. Zudem kann die Bank dieses Limit jederzeit kündigen.

Lieferantenkredit

Hier gewähren Lieferanten ihren Kunden Zahlungs- F 2011 II: A2c, 4 Pt.
ziele von wenigen Wochen bis zu vielen Monaten. Damit Kunden nicht ihr volles Zahlungsziel ausnutzen, gewähren Lieferanten bei vorzeitiger Zahlung eine Kürzung des Rechnungsbetrags (= Skonto). In Rechnungen steht klein gedruckt bspw. »Zahlbar in 30 Tagen. Bei Zahlung innerhalb von 10 Tagen 2 % Skonto.«

Zahlenbeispiel zur Frage der Inanspruchnahme von Skonto

Ein Industriebetrieb erhält eine Rechnung über 100 T€ mit dem Zusatz: "Zahlbar innerhalb von 30 Tagen. Bei Zahlung innerhalb von 10 Tagen 2 % Skonto." Der Kontokorrentkreditsatz des Industriebetriebs bei der Hausbank beträgt 8 %.

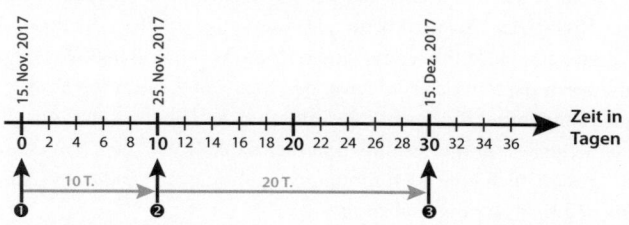

❶ Anlieferung der Waren
❷ Zahlungszeitpunkt bei Ausnutzung
   von Skonto
❸ endgültiges Zahlungsziel

$$\text{Skonto} = 2 \text{ \% von } 100.000 \text{ €} = 2.000 \text{ €}$$

43. $\text{Zinsen} = \dfrac{98.000 \text{ €} \cdot 8 \text{ \%} \cdot 20 \text{ Tage}}{100 \text{ \%} \cdot 360 \text{ Tage}} = 435,56 \text{ €}$

$$\text{Vorteil Skonto} = 2.000 \text{ €} - 435,56 \text{ €} = 1.564,44 \text{ €}$$

44. $\text{Zinssatz des Skontos} = \dfrac{2 \text{ \%} \cdot 360 \text{ Tage}}{20 \text{ Tage}} = 36 \text{ \%}$

45. $\text{Zinssatz des Skontos} = \dfrac{2 \text{ \%} \cdot 360 \text{ Tage} \cdot 100 \text{ \%}}{20 \text{ Tage} \cdot 98 \text{ \%}} = 36,73 \text{ \%}$

Lohnt sich also die Inanspruchnahme von Skonto? In unserem Fall liegt der Vorteil durch Skonto bei 1.564,44 €. Dabei lohnt sich Skonto im Normalfall; sofern die Laufzeit nicht enorm lang ist, bzw. der Zinssatz der Hausbank nicht sehr hoch ist. Es kann auch der Zinssatz berechnet werden, bis zu dem sich die Inanspruchnahme eines Kontokorrentkredits rechnet. Auch hier sehen wir einen eindeutigen Vorteil von Skonto. Der Zinssatz der Hausbank ist mit 8 Prozent sehr viel günstiger als 36,73 Prozent (bzw. 36 Prozent der Näherungslösung).

Avalkredit

Bei Avalkrediten handelt es sich nicht um Kredite im geläufigen Sinne. Die Bank verleiht hier zunächst kein Geld. Vielmehr verspricht die Bank im Fall eines Kreditbedarfs, diesen unter bestimmten Voraussetzungen zu gewähren. Dabei geht es vor allem um die Außenwirkung dieser Kreditleihe. So wird bspw. als Alternative zu einer Kaution, die ein Mieter einem Vermieter auf einem Konto bei einer Bank hinterlegen muss, durch die Bank ein Bankaval gewährt. Dabei bürgt die Bank ggf. dem Kreditnehmer die bestimmte Summe zu verleihen. Somit muss der Mieter keine bestimmte Summe bei einer Bank hinterlegen. Stattdessen zahlt er monatlich eine bestimmte (geringe) Summe für diese versprochene bedingte Kreditgewährung.

Wechselkredit

Der Wechsel ist eine standardisierte Urkunde auf der der Bezogene (Kunde) dem Aussteller (Lieferant) verspricht, eine genannte Summe zu einem bestimmten Zeitpunkt zu begleichen. Somit handelt es sich um eine Form des verbrieften Lieferantenkredits. Der wesentliche Vorteil liegt nun in der Weitergabe des Wechsels. Die Lieferanten können Wechsel zur Begleichung eigener Verbindlichkeiten nutzen. Der Verkäufer erhält mit dem Wechsel ein Dokument mit einem Zahlungsversprechen, das nun schon durch zwei Akteure garantiert wird. Sofern der ursprüngliche Schuldner nicht zahlt, wird der Aussteller des Wechsels herangezogen. So kann ein Wechsel munter weitergereicht werden und es sind mehrere Unterschreibende zahlungspflichtig.

Stille Gesellschafter

Stille Gesellschafter stellen der Unternehmung Geld   H 2012 II: A4b, 2 Pt.
zur Verfügung, die aber kein Mitspracherecht besitzen. Es handelt sich dabei zumeist um eine Form des Mezzaninen-Kapitals. Typische stille Gesellschafter sind am Erfolg und den stillen Reserven beteiligt, untypische stille Gesellschafter nur am Gewinn.

3.4.3 Langfristige Kredite

Darlehensarten

Darlehen werden für gewöhnlich von Banken gewährt und sind durch feste Zinssätze und eine bestimmte Laufzeit definiert. Dabei werden kurz-, mittel- und langfristige Varianten unterschieden. Im Bankbereich werden zahlreiche **Darlehensvarianten** unterschieden. Zur Erläuterung gehen wir von einem Darlehen in Höhe von 100.000 € aus, dessen Laufzeit fünf Jahre beträgt und zu 5 Prozent verzinst wird. Für uns sind drei grundlegende Varianten von Bedeutung:

a) Fälligkeitsdarlehen

Beim **Fälligkeitsdarlehen** wird die Kreditsumme während der Laufzeit nicht getilgt und vollständig zum Ende der Laufzeit zurückgezahlt. Die regelmäßigen Raten bestehen demnach nur aus dem konstant bleibenden Zinsanteil.

■	Ziel: Zins- und Tilgungsplan Fälligkeitsdarlehen			
n	Anfangsschuld	Zins	Tilgung	Rate
1	100.000,00	5.000,00	–	5.000,00
2	100.000,00	5.000,00	–	5.000,00
3	100.000,00	5.000,00	–	5.000,00
4	100.000,00	5.000,00	–	5.000,00
5	100.000,00	5.000,00	100.000,00	105.000,00
Σ	–	25.000,00	100.000,00	125.000,00

b) Tilgungsdarlehen

Das **Tilgungsdarlehen** ist durch eine gleichmäßige   H 2012 II: A4b, 2 Pt.
Tilgung gekennzeichnet. Die zu zahlende Rate setzt sich aus einem konstanten Tilgungsanteil und sinkenden Zinsen zusammen. Da der Zinsanteil aufgrund der sinkenden Restschuld während der Laufzeit sinkt, sinkt auch die zu zahlende Rate.

3

■	Ziel: Zins- und Tilgungsplan Tilgungsdarlehen			
n	Anfangsschuld	Zins	Tilgung	Rate
1	100.000,00	5.000,00	20.000,00	25.000,00
2	80.000,00	4.000,00	20.000,00	24.000,00
3	60.000,00	3.000,00	20.000,00	23.000,00
4	40.000,00	2.000,00	20.000,00	22.000,00
5	20.000,00	1.000,00	20.000,00	21.000,00
Σ	–	15.000,00	100.000,00	115.000,00

Da schon regelmäßig getilgt wird, ist die Zinsbelastung geringer als beim Fälligkeitsdarlehen.

c) Annuitätendarlehen

Ein **Annuitätendarlehen** hat hingegen eine gleich- F 2013 II: A4a-b, 9 Pt.
bleibende Rate, die sich aus anfänglich relativ hohen F 2017 II: A2a-b, 8 Pt.
Zinsen und einem Tilgungsanteil zusammensetzt. Im Laufe der Zeit nimmt der Zinsanteil aufgrund der sinkenden Restschuld ab, wodurch automatisch der Tilgungsanteil steigt.

Wie berechnet man indessen diese Rate (=Annuität)? Da beim Annuitätendarlehen gleichbleibende Raten (Renten) betrachtet werden, können wir wiederum unseren Barwertfaktor zur Berechnung benutzen:

46. $\text{Annuität} = \dfrac{\text{Kreditsumme}}{\text{BWF}}$

Wenn wir einen Kredit in Höhe von 100.000 € aufnehmen, dessen Laufzeit fünf Jahre beträgt und der zu 5 Prozent verzinst werden soll, dann erhalten wir zunächst den Barwertfaktor und damit die jährliche Rate (= Annuität):

47. $\text{BWF} = \dfrac{q^n - 1}{q^n \cdot (q - 1)} = \dfrac{1{,}05^5 - 1}{1{,}05^5 \cdot (1{,}05 - 1)} = 4{,}32947667$

48. $\text{Annuität} = \dfrac{\text{Kreditsumme}}{\text{BWF}} = \dfrac{100.000 \, €}{4{,}32947667} = 23.097{,}48 \, €$

Zur Verdeutlichung der Zins- und Tilgungsplan:

Ziel: Zins- und Tilgungsplan Annuitätendarlehen			
n	Anfangsschuld	Zins	Tilgung	Rate
1	100.000,00	5.000,00	18.097,48	23.097,48
2	81.902,52	4.095,13	19.002,35	23.097,48
3	62.900,17	3.145,01	19.952,47	23.097,48
4	42.947,69	2.147,38	20.950,10	23.097,48
5	21.997,60	1.099,88	21.997,60	23.097,48
Σ	–	15.487,40	100.000,00	115.487,40

Anleihen

Eine Anleihe ist ein gestückelter Großkredit mit einem festen Zinsversprechen und einer festgelegten Tilgung, der an der Börse gehandelt werden kann. Diese Anleihen stellen festverzinsliche Wertpapiere dar, die an der Börse gekauft und verkauft werden und einen entsprechenden Kurs besitzen. Es werden u. a. die folgenden Formen unterschieden:

- **Wandelschuldverschreibung** (convertible bond): Hier hat der Käufer das Recht die Anleihe zu einem zu Beginn festgelegten Zeitpunkt oder Zeitraum in Aktien des Unternehmens umzutauschen. Der Umtauschkurs ist schon zu Beginn festgelegt und lohnt sich für den Kunden nur dann, wenn der Kurs bis dahin entsprechend steigt. Diese Gewinnchance erkauft sich der Kunde für gewöhnlich durch eine geringere Verzinsung im Vergleich zu gewöhnlichen Anleihen.

- **Optionsschuldverschreibung** (warrants): In diesem Fall erhält der Käufer die Option zusätzlich zu seiner Anleihe Aktien zu einem bestimmten Kurs zu erwerben. Auch diese Gewinnchance wird für gewöhnlich mit einer geringeren Verzinsung erkauft.

- Im Normalfall sind Anleihen fest verzinst und der Zinssatz ändert sich während der Laufzeit der Anleihe nicht. Im Gegensatz hierzu haben **Floating rate notes (FRN)** einen variablen Zinssatz, der regelmäßig an einen Referenzzinssatz (bspw. Euribor +0,5 %) angepasst wird. Zu den Referenzzinssätzen zählen:

◆ **Libor** (London Interbank Offered Rate): Hierbei handelt es sich um die Zinssätze am Geldmarkt (kurzfristige Gelder), den Banken untereinander am Bankenplatz London verlangen.

◆ **Euribor**: Das sind die entsprechenden Zinssätze im Interbankenmarkt im Euroraum (bspw. Frankfurt und Paris).

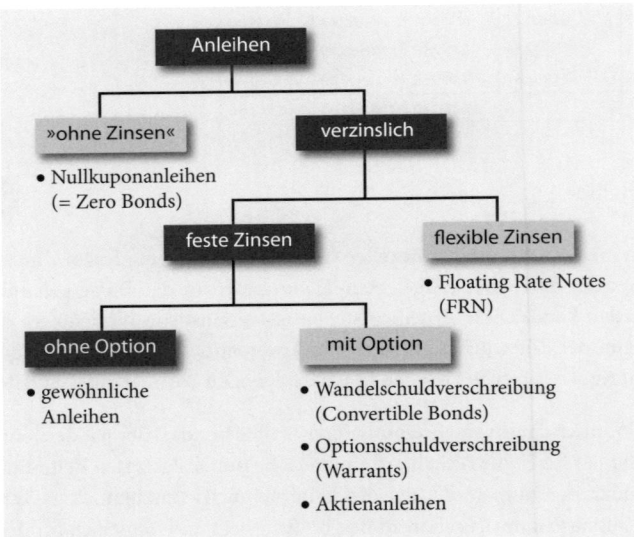

● **Nullkuponanleihen** (Zero Bonds) gewähren während der Laufzeit gar keine Verzinsung. Somit entfallen die Kupons auf dem Bogen der Anleihe, die früher zur Zinserzielung eingereicht wurden. Trotzdem enthalten diese Anleihen eine innewohnende Verzinsung durch eine entsprechende Differenz zwischen Ausgabe- und Rückzahlungskurs der Anleihe.

● **Aktienanleihen** stellen das genaue Gegenteil von Wandelschuldverschreibungen dar. Bei einer Aktienanleihe erhält die Aktiengesellschaft die Option, die Anleihe in Aktien zu einem fixierten Kurs zu tauschen.

3.4.4 Sonderformen der Finanzierung

Zu den Sonderformen der Finanzierung zählen das Factoring, das Leasing und Asset backed securities.

Factoring

Im BGB ist die **Zession** (= Forderungsabtretung) H 2011 II: A3a-b, 10 Pt. geregelt. Diese ermöglicht die Forderungsabtretung von einem Unternehmer an einen anderen. So kann ein Unternehmen A, das Lieferantenschulden gegenüber einem Unternehmen B in Höhe von 30 T€ hat, diese durch die Abtretung von eigenen Forderungen gegenüber einem Unternehmen C in Höhe von 25 T€ zumindest teilweise begleichen. Hierbei handelt es sich also um einzelne Forderungen die abgetreten werden. Das Factoring ist die professionelle Variante der Zession. Hierbei spezialisiert sich ein Unternehmen A auf den Aufkauf von Forderungen anderer Unternehmen – bspw. von Unternehmen B. Dabei kauft das Unternehmen A vom Unternehmen B eine gewisse Anzahl von Forderungen auf und übernimmt dabei die Forderung. Das Unternehmen B erhält dabei vom Unternehmen A natürlich nicht die gesamte Forderungssumme.

Die **Vorteile** des Factorings aus Sicht des Unternehmens B liegen in den folgenden **Funktionen** begründet:

- **Finanzierungsfunktion**: Durch den Aufkauf der Forderung durch Unternehmen A erhält Unternehmen B schon vor der Fälligkeit der Forderungen einen Gegenwert. Diese Verzinsung der Forderungen bis zur Fälligkeit zieht das Factoring-Institut von der Forderungssumme ab, die es dem Unternehmen B auszahlt.

- **Delcrederefunktion (Risikoübernahme)**: Das Factoring-Institut A übernimmt das Risiko des Forderungsausfalls. Auch hier wird der erwartete durchschnittliche Forderungsausfall von der Forderungssumme abgezogen. Das Factoring-Institut prüft allerdings zunächst alle Forderungen und sortiert für gewöhnlich allzu unsichere aus.

3

- **Dienstleistungsfunktion:** Durch die Abtretung der Forderungen hat das Unternehmen B weniger Verwaltungsaufwendungen (bspw. Mahnwesen). Diese Kosten werden ebenfalls von der Forderungssumme abgezogen.

Zwar sind alle drei Funktionen zweifelsohne die wesentlichen Vorteile des Factorings. Gleichzeitig liegen darin auch die **Nachteile** begründet:

- Die **Kosten des Factorings** sind nicht zu unterschätzen. Alle drei Funktionen werden vom Factoring-Institut in Rechnung gestellt und von der Forderungssumme abgezogen. Zudem wird ein Gewinnzuschlag einkalkuliert sein. Somit ist das Factoring teuer.

- Es besteht eine gewisse Abhängigkeit vom Factoring-Institut.

- Die Abtretung der Forderung mag das Image des Unternehmens B beschädigen. Das hängt allerdings von der jeweiligen Branche ab. Sofern es in einer Branche weitverbreitet ist (bspw. Arztpraxen), dürfte das nicht weiter problematisch sein.

Verschiedene **Formen des Factorings**:

- **echtes Factoring** inkl. aller Funktionen

- **unechtes Factoring** ohne die Delcrederefunktion

Leasing

Leasing (engl. > mieten, pachten) ist eine spezielle Form der Miete bzw. Pacht und dient der Finanzierung von Anlagevermögen. Dabei mietet der Leasingnehmer vom Leasinggeber einen Vermögensgegenstand (bspw. eine Maschine) und zahlt

H 2009 II: A6b-c, 4 Pt.
F 2010 II: A1, 8 Pt.
H 2012 II: A4b, 2 Pt.
H 2014 II: A1, 10 Pt.
H 2015 II: A2a, 4 Pt.

monatliche Leasingraten und kann häufig anschließend den Vermögensgegenstand erwerben. Daher wird Leasing auch manchmal als Mietkauf bezeichnet. Zahlreiche Formen/Varianten des Leasings werden unterschieden:

FHS-Verlag.de
Fachbuchverlag Holger Stöhr

3

- Sofern der Hersteller des Vermögensgegenstandes auch gleichzeitig der Leasinggeber ist, spricht man von **direktem Leasing** bzw. Herstellerleasing. Dies erfolgt zumeist in Form eines speziell hierfür gegründeten Tochterunternehmens. Diesen Fall findet man bspw. bei Automobilherstellern. Leasing wird hierbei als eine Form der verkaufssteigernden Strategien gesehen und kann ggf. zu günstigeren Konditionen führen.

- Beim **indirekten Leasing** ist der Leasinggeber ein vom Hersteller unabhängiges Unternehmen und kann daher auch Vermögensgegenstände von verschiedenen Herstellern anbieten. Darin liegt auch der Vorteil: Der Leasingnehmer hat eine größere Auswahl.

- In der Form des **Vollamortisationsleasings** (bspw. Finanzierungsleasing) werden während der Grundlaufzeit die ganzen Kosten (Kauf + Zinsen), die dem Leasinggeber entstehen, durch den Leasingnehmer getragen, jedoch ohne eine automatische Eigentumsübertragung auf den Leasingnehmer. Der Restwert steht dem Leasinggeber zu, den er bspw. durch einen Verkauf an den Leasingnehmer in Gewinn umwandeln kann.

- Beim **Teilamortisationsleasing** (bspw. operatives Leasing) kommt der Leasinggeber während der Grundlaufzeit noch nicht auf seine Kosten. Daher sollte es sich um einen allgemein verkäuflichen Gegenstand handeln, der anschließend an weitere Kunden weiterverkauft oder -verleast werden kann.

- Das häufige **Finanzierungsleasing** ist durch eine feste Grundlaufzeit gekennzeichnet, in der eine Kündigung des Leasingvertrages durch den Leasingnehmer ausgeschlossen ist. Der Leasingnehmer trägt zudem die Wartungskosten. Im Anschluss an diese Grundlaufzeit kann je nach Vertrag der Gegenstand weiter geleast oder gekauft werden. Diese Form ist insbesondere für Spezialmaschinen gedacht, die anschließend nicht an andere Kunden weitergereicht werden können. Daher sollte eine Vollamortisation für den Leasinggeber erfolgen.

- Beim **operativen Leasing** liegt entweder eine sehr kurze Grundmietzeit vor, oder der Leasingvertrag kann jederzeit gekündigt wer-

3

den. Die Wartung übernimmt der Leasinggeber. Diese Form des Leasings ist bspw. für EDV-Ausrüstung geeignet, die danach vom Leasinggeber an andere Kunden verleast oder verkauft wird. Es findet demnach keine Vollamortisation statt.

- **Sale-and-Lease-Back:** Bei dieser Form des Leasings verkauft ein Unternehmen oder auch eine Gebietskörperschaft (bspw. eine Stadt) zunächst Teile ihres Vermögens an die Leasinggesellschaft und mietet diese dann anschließend zurück. So könnte bspw. eine Stadtverwaltung die in ihrem Eigentum befindlichen Straßenbahnen verkaufen und anschließend zur weiteren Nutzung zurückmieten. Der große Vorteil liegt in der kurzfristig hohen Liquiditätszufuhr. Der aber wohl zumeist überwiegende Nachteil liegt in den dauerhaften (hohen) Leasingraten. Eine solche Form der Politik ist sehr kurzsichtig und deutet u. U. auf massive Finanzierungsprobleme hin und untergräbt einen langfristig gesunden Haushalt.

Zur abschließenden Beurteilung des Leasings muss dieses mit der häufigsten Alternative verglichen werden – dem Kauf des Vermögensgegenstandes mit Kreditfinanzierung. Da es aber viele Leasingvarianten gibt, kann hier kein allgemeines **Fazit** gezogen werden. **Im Normalfall ist Leasing allerdings teurer als ein vergleichbarer Kauf mit Kreditfinanzierung.** Dem steht bspw. gegenüber, dass durch Leasing die Bilanzkennzahlen geschönt werden, da kein zusätzlicher Kredit in den Büchern steht.

Asset backed securities

Bei Asset backed securities gründet ein Unternehmen A eine Zweckgesellschaft B, und übertragt dieser einen Teil ihres eigenen Vermögens. Im Gegenzug gibt die Zweckgesellschaft Anteilscheine (Wertpapiere) heraus. Diese Wertpapiere kann das Unternehmen A behalten oder verkaufen. Die Zweckgesellschaft B verwaltet das Vermögen (Aktien, Immobilien, Kreditforderungen etc.) und schüttet die Überschüsse an die Inhaber der Wertpapiere aus.

4   Kosten- und Leistungsrechnung

4.1 Deckungsbeitragsrechnung

4.1.1 Mehrstufige Deckungsbeitragsrechnung

Zuerst berechnen wir den ❶ **DB I,** der sich als Produkt aus Stückdeckungsbeitrag und Absatzmenge ergibt. Ziehen wir von diesem die ❷ **Produktfixkosten** ab, erhalten wir den ❸ **DB II.** Die Produktfixkos-

F 2009 II: A3a-d, 16 Pt.
H 2013 II: A2a-c, 9 Pt.
H 2015 II: A3a-b, 10 Pt.
H 2016 II: A1, 14 Pt.

ten lassen sich einzelnen Produkten (hier Kuchen- oder Gebäcksorten) zuweisen. Nun müssen wir den gesamten DB II einer Erzeugnisgruppe berechnen (bei Kuchen ohne Boden sind dies 350 € + 380 € = 730 €).

■	Mehrstufige DBR	Kuchen				Gebäck	
	in EUR	ohne Boden		mit Boden		Süßgebäck	
		Marmor	Schoko	Käse	Kirsch	Amerik.	Berliner
1.	Verkaufspreis	1,50	1,60	1,80	2,10	1,20	1,00
2.	– variable Stückk.	0,60	0,80	0,80	0,90	0,60	0,75
3.	= db	0,90	0,80	1,00	1,20	0,60	0,25
4.	× Absatzmenge	500 St.	600 St.	500 St.	400 St.	100 St.	400 St.
5.	= DB I ❶	450,00	480,00	500,00	480,00	60,00	100,00
6.	– Produktfixkosten ❷	100,00	100,00	150,00	200,00	50,00	150,00
7.	= DB II ❸	350,00	380,00	350,00	280,00	10,00	−50,00
8.	– Erzeugnisgruppenfixk.	❹ 230,00		430,00		160,00	
9.	= DB III	❺ 500,00		200,00		−200,00	
10.	– Bereichsfixkosten	❻ 200,00				0	
11.	= DB IV	❼ 500,00				−200,00	
12.	– Unternehmensfixkost.	❽ 200,00					
13.	= Betriebsergebnis	❾ 100,00					

Von dieser Summe ziehen wir die ❹ **Erzeugnisgruppenfixkosten** ab. Als Zwischenergebnis erhalten wir den ❺ **DB III** (= 730 € − 230 € = 500 €). Im nächsten Schritt wird die Summe des DB III der verschiedenen

4

Erzeugnisgruppen eines Bereichs gebildet (für Kuchen = 500 € + 200 € = 700 €). Werden hiervon die ❻ **Bereichsfixkosten** abgezogen, erhält man den ❼ **DB IV** (700 € - 200 € = 500 €). Zum Abschluss werden von der Summe der DB IV (= 500 € − 200 € = 300 €) die ❽ **Unternehmensfixkosten** abgezogen. Als Ergebnis erhält man das ❾ **Betriebsergebnis** (300 € − 200 € = 100 €). Eine einstufige Deckungsbeitragsrechnung hätte diese Probleme bei der Erzeugnisgruppe Süßgebäck nicht aufdecken können, da beide Artikel der Erzeugnisgruppe einen positiven DB I aufweisen. Folglich verbessert eine mehrstufige Deckungsbeitragsrechnung **Sortimentsentscheidungen**.

4.1.2 Eigenfertigung vs. Fremdbezug

Die Deckungsbeitragsrechnung stellt auch eine wichtige Entscheidungshilfe bei der Frage dar, ob Produkte oder Prozesse in **Eigenfertigung** selbst

H 2014 II: A2a-c, 10 Pt.
H 2015 II: A4, 10 Pt.
H 2016 II: A4a-c, 10 Pt.

erstellt oder von außen bezogen werden sollten (= **Fremdbezug**). Zur Beantwortung der Frage, inwiefern Eigenfertigung oder Fremdbezug vorzuziehen ist, gehen wir von den folgenden Daten aus: 1. Nettoverkaufspreis = 2 €/St. 2. Selbstkosten = 1,75 €/St. 3. variable Stückkosten = 1 €/St. Ein Fremdhersteller würde uns die gewünschten 800 Stück eines gleichwertigen Produkts zum Nettopreis von 1,50 €/St. anbieten. Sollten wir nun selbst produzieren oder das Fremdangebot annehmen?

■	DBR – 1 Produkt	Eigenfertigung		Fremdbezug	
	in EUR	pro Stück	800 St.	pro Stück	800 St.
1.	Erlöse	2,00	1.600,00	2,00	1.600,00
2.	– variable Kosten	1,00	800,00	1,50	1.200,00
3.	= Deckungsbeitrag	1,00	800,00	0,50	400,00
4.	– Fixkosten	0,75	600,00	0,75	600,00
5.	= Betriebsergebnis	0,25	200,00	–0,25	–200,00
6.	Kosten = 2. + 4.	1,75	1.400,00	2,25	1.800,00

Zunächst scheinen unsere Selbstkosten um 0,25 €/St. höher als der Preis des Fremdanbieters. Aus Sicht der Vollkostenrechnung erscheint daher eine Annahme des Fremdbezugs sinnvoll zu sein. Sofern wir jedoch freie Produktionskapazitäten haben, gilt dies im Rahmen der Deckungsbeitragsrechnung nicht mehr. Die variablen Stückkosten sind 0,50 €/St. niedriger als der Fremdbezugspreis. Die Fixkosten in Höhe von 600 € sind ohnehin vorhanden. Folglich ist aus Sicht der Deckungsbeitragsrechnung die Eigenfertigung vorzuziehen.

4.1.3 Entscheidungen bzgl. der Auftragsannahme

Stellen Sie sich nun vor, dass ein Kunde für eine Vereinsfeier 200 Stück Käsekuchen kaufen möchte. Er wäre aber nur bereit, dafür 1,25 € anstelle von 2 € zu bezahlen. Es bedarf zweier Voraussetzungen: 1. freie Kapazitäten, 2. positiver Deckungsbeitrag. Aber warum muss der Verkaufspreis lediglich mindestens so groß wie die variablen Stückkosten sein?

	Zusatzauftrag	Käsekuchen		Zusatzauftrag		Summe
	in EUR	pro St.	800 St.	pro St.	200 St.	1.000 St.
1.	Erlöse	2,00	1.600	1,25	250	1.850
2.	– variable Kosten	1,00	800	1,00	200	1.000
3.	= Deckungsbeitrag	1,00	800	0,25	50	850
4.	– Fixkosten					600
5.	= Betriebsergebnis					250

Die entscheidende Erkenntnis dabei sind die vorhandenen Kapazitäten. Sofern noch genügend **freie Kapazitäten** vorhanden sind, steigen die Fixkosten durch die Annahme des Zusatzauftrags nicht. Das heißt, sie wären aber auch nicht kleiner, wenn wir den Zusatzauftrag nicht annehmen würden. Folglich ist die Entscheidung über den Zusatzauftrag *unabhängig* von den schon bestehenden Fixkosten. **Damit interessieren nur die durch den Zusatzauftrag zusätzlich entstehenden Kosten.** Das sind in unserem Fall nur die *variablen Kosten*.

Wenn nun der Verkaufspreis größer als die variablen Stückkosten ist, lohnt sich die Annahme eines Zusatzauftrags. In der Tabelle oben können wir das auch tatsächlich nachweisen. Das Betriebsergebnis, das ohne Zusatzauftrag bei 200 € liegt, könnte durch den zusätzlichen Deckungsbeitrag im Umfang von 50 € auf 250 € erhöht werden.

4

4.1.4 Relative Deckungsbeitragsrechnung

Es werden für gewöhnlich diejenigen Artikel produziert, die den höchsten Deckungsbeitrag/St. liefern. Sofern **betriebliche Engpässe** vorliegen, gilt dies nicht mehr unbedingt. Die Deckungsbeitragsrech-

F 2010 II: A2a-c, 10 Pt.
F 2012 II: A3a-c, 12 Pt.
F 2013 II: A3a-c, 13 Pt.
F 2016 II: A3a-b, 11 Pt.

nung ermöglicht eine optimale Ausrichtung der Produktion bei Vorliegen eines (betrieblicher) Engpass.

Zur Veranschaulichung wenden wir uns dem folgenden Fallbeispiel zu. Die zugrunde liegenden Informationen, sowie die rechnerische Ableitung des optimalen Produktionsprogramms bei Vorliegen eines betrieblichen Engpasses finden Sie in der folgenden Tabelle. Betriebliche Engpässe lassen sich bspw. in der Produktion oder in der Lagerhaltung identifizieren. In der Produktion könnten die Anzahl der (qualifizierten) Mitarbeiter oder bestimmte erforderliche Maschinen einen Engpass darstellen, der nur eine bestimmte Fertigungsmenge erlaubt.

In unserem Fallbeispiel mit 4 Produkten gehen wir davon aus, dass der Herd aufgrund von Reparaturarbeiten nur insgesamt 60 Std. bzw. 3.600 Minuten genutzt werden kann. Zur Herstellung der insgesamt absetzbaren Menge wären aber 6.700 Minuten nötig. Wir werden das Fertigungsprogramm mit dem größtmöglichen Deckungsbeitrag ermitteln:

❶ Zunächst sehen Sie die Verkaufspreise und variablen Stückkosten, woraus sich die **Stückdeckungsbeiträge** (db) ermitteln lassen. Darin ist auch die jeweilige **absolute Rangfolge** eingetragen. Den ersten Rang nimmt Kirschtorte mit einem Stückdeckungsbeitrag von 1,20 € ein.

❷ Darunter wird der **Zeitbedarf** in der Fertigung je Kuchenstück in Minuten aufgelistet. Dabei benötigen Marmor- und Schokokuchen jeweils 2 min. sowie Käsekuchen und Kirschtorte jeweils 5 min. Und hier liegt auch der **betriebliche Engpass** vor. Es kann insgesamt aufgrund unserer **Kapazitätsbeschränkung** nur 60 Std. bzw. 3.600 min gebacken werden.

Tipp: Alternativ werden die Artikel auch als Zeilen dargestellt (siehe Beispiel im Anhang A+B: Prüfungssimulation 2 – Aufgabe 3).

4

■ DBR – Optimales Produktionsprogramm bei betrieblichen Engpässen					
in EUR	**Marmor**	**Schoko**	**Käsek.**	**Kirscht.**	**Summe**
1. Erlös / St.	1,50 €	1,60 €	1,80 €	2,10 €	
2. - var. Stückkosten	0,60 €	0,80 €	0,80 €	0,90 €	
3. db (= DB pro St.)	0,90 €	0,80 €	1,00 €	1,20 €	❶
Rang – absolut	3	4	2	1	
4. Zeit in min./St.	2 min	2 min	5 min	5 min	❷
5. db je min.	0,45 €	0,40 €	0,20 €	0,24 €	❸
Rang – relativ	1	2	4	3	
6. absetzbare Menge	500 St.	600 St.	500 St.	400 St.	2.000 St.
max. Zeitbedarf	1.000 min	1.200 min	2.500 min	2.000 min	❹ 6.700 min
7. opt. Programm	❺ 500 St.	❻ 600 St.	❽ –	❼ 280 St.	1.380 St.
notwendige Zeit	1.000 min	1.200 min	–	1.400 min	3.600 min
8. DB – optimal	❾ 450,00 €	480,00 €	–	336,00 €	1.266,00 €

❸ Aus dem Stückdeckungsbeitrag und der jeweils notwendigen Fertigungszeit lässt sich der **Stückdeckungsbeitrag je Minute** ermitteln. Dieser ist bei Marmorkuchen am größten und bei Käsekuchen am kleinsten. Dies wird durch den **relativen Rang** ausgewiesen.

❹ Weiterhin wird die jeweils am Markt **absetzbare Menge** als Vorgabe benötigt. Multipliziert man diese mit der jeweils notwendigen Fertigungszeit, erhält man den **maximalen Zeitbedarf**. So benötigen 500 St. Marmorkuchen bei einer Fertigungszeit pro Stück von 2 min. insgesamt 1.000 min.

❺ Da jedoch ein **Fertigungsengpass** vorliegt, kann nicht die gesamte absetzbare Menge produziert werden, weshalb nun berechnet wird, was das aus kostenrechnerischer Sicht **optimale Fertigungsprogramm** darstellt. Hierbei wird zunächst das Produkt mit dem größten Stückdeckungsbeitrag je Engpassfaktor herangezogen – in unserem Fall die Marmorkuchen. Dieser sollte nun im maximal möglichen Umfang gebacken werden. Dazu muss überprüft werden, ob die vorhandene Zeit überhaupt ausreicht, die gesamte absetzbare Menge zu produzieren.

4

Dies ist hier möglich, da für die gesamte Menge nur 1.000 min benötigt werden, aber insgesamt 3.600 min zur Verfügung stehen.

❻ Sofern ein Rest übrig bleibt, wird der Kuchen mit dem zweithöchsten db betrachtet – hier Schokokuchen. Dieser sollte nun, sofern möglich, ebenfalls im maximalen Umfang produziert werden. Da wir noch (3.600 min – 1.000 min =) 2.600 min zur Verfügung haben, können wir die gesamten 600 Stück backen, da diese nur 1.200 min benötigen.

❼ Es bleiben sogar noch (2.600 min – 1.200 min =) 1.400 min übrig, die nun für den drittbesten Rang verwendet werden sollten. Von den Kirschtorten könnten 400 Stück abgesetzt werden. Dies würde 2.000 min Fertigungszeit benötigen. Da wir aber nur noch 1.400 min zur Verfügung haben, kann auch nur ein Teil davon produziert werden. Zur Ermittlung dieser Menge teilen wir einfach die verbleibende Zeit (1.400 min) durch den Zeitbedarf je Kirschtorte mit 5 min/St. Dabei erhalten wir 280 noch mögliche Kirschtortenstücke.

❽ Für die Produktion des Käsekuchens verbleibt leider keine Zeit mehr. Daran sehen Sie auch, dass dies in der Praxis so wenig Sinn machen würde. Käsekuchen ganz aus dem Sortiment zu nehmen wäre wohl kaum zu empfehlen. Denn es könnte ja sein, dass Familien nur zusammen Kuchen kaufen, und uns daher auch Absatzeinbußen bei anderen Kuchentypen drohen könnten. Trotzdem ist diese Berechnung als Simulationsrechnung sinnvoll, um uns eine Orientierung zu liefern.

❾ Theoretisch besteht das **optimale Produktionsprogramm** aus 500 St. Marmorkuchen, 600 St. Schokokuchen und 280 St. Kirschtorte. Das optimale Produktionsprogramm ergäbe einen **maximalen Deckungsbeitrag** von 1.266 €. Jedes andere mögliche Fertigungsprogramm ergäbe einen geringeren DB. Würden wir uns nicht an den relativen, sondern an den absoluten Deckungsbeiträgen orientieren, wäre unser Gesamtdeckungsbeitrag nur 800 € groß.

FHS-Verlag.de
Fachbuchverlag Holger Stöhr

4.2 Normalkostenrechnung

Grundlagen der Kostenkontrolle

Die Zahlen des BAB sind jeweils vom vergangenen Monat und damit **vergangenheitsorientiert**, und somit nicht unbedingt für den aktuellen Monat tauglich. Wenn der Monat vorbei ist, kann der BAB uns die Zuschlagssätze liefern, mit denen wir im letzten Monat hätten kalkulieren sollen. Aber er sagt uns nicht, was die richtigen Zuschlagssätze für den aktuellen Monat sind. Folgende Lösungsansätze werden in der Praxis verwendet:

- Für den jeweils aktuellen Monat werden die **Zuschlagssätze aus dem BAB des Vormonats** oder des **Vorjahresmonats** entnommen.

- Als Alternative werden daher häufig **Normalkosten** als ein **Durchschnittswert der Zuschlagssätze der Vergangenheit** gewählt. In diesem Kapitel wählen wir diesen Ansatz.

- Ein **Plankostenansatz** kalkuliert die erwartete Preisentwicklung verschiedener Faktoren (Rohöl, Wechselkurse etc.) ein.

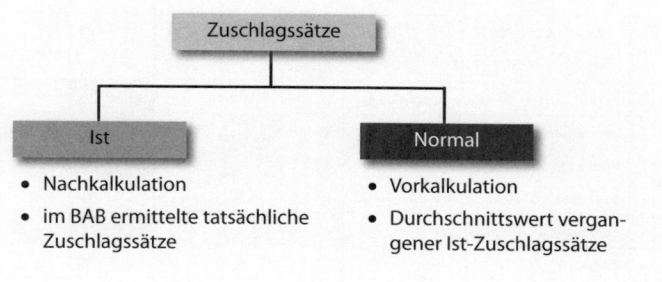

Neben der Ermittlung der Zuschlagssätze zielt die Kostenstellenrechnung auch auf eine **Kostenkontrolle** (2 Methoden) ab:

- Kostenkontrolle im Kostenträgerblatt (BAB II).

- Die Kostenkontrolle wird an den BAB unten angehängt.

4

Kostenkontrolle im Kostenträgerblatt (BAB II)

❶ Zur Kostenkontrolle kann das bekannte **Kosten-trägerblatt (BAB 2)** verwendet werden. Dieses dient in der Vollkostenrechnung auch zur Ermittlung der Herstellkosten des Umsatzes (HKU) sowie zur Ermittlung des Betriebsergebnisses der einzelnen Kostenträger. Wir müssen die Tabelle nur um zwei Spalten für die Normalkosten sowie eine Spalte zur Berechnung der Abweichung zwischen Ist- und Normalkosten ergänzen.

F 2012 II: A2a-b, 12 Pt.
H 2012 II: A3a-b, 15 Pt.
F 2016 II: A4a-b, 9 Pt.
F 2017 II: A3a-b, 12 Pt.

■ Kostenträgerblatt – BAB 2		IST-Werte		NORMAL- Werte ❶		Abw. ❺
in € / Monat: 05/17	GKZ	Σ IST	❷ GKZ	Σ Normal	N. – IST
1	Fertigungsmaterial (FM) ❸		400		400	
2	Materialgemeinkosten (MGK)	25,0 %	100	20,0 %	❹ 80	– 20
3	Materialkosten (MK)		500		480	
4	Fertigungslöhne (FL)❸		400		400	
5	Fertigungsgemeinkosten (FGK)	50,0 %	200	60,0 %	❹ 240	+ 40
6	Sondereinzelkosten d. F. (SEKF)		25		25	
7	Fertigungskosten (FK)		625		665	
8	Herstellkosten der Produktion (HKP)		1.125		1.145	
9	– Mehrbestand FE / UE		125		125	
10	+ Minderbestand FE / UE					
11	Herstellkosten des Umsatzes (HKU) ❸		1.000		1.020	
12	Verwaltungsgemeinkosten (VwGK)	30,0 %	300	30,0 %	❹ 306	+ 6
13	Vertriebsgemeinkosten (VtGK)	10,0 %	100	15,0 %	❹ 153	+ 53
14	Sondereinzelkosten d. Vertriebs (SEKV)		50		50	
15	Selbstkosten des Umsatzes		1.450		1.529	+ 79
16	Erlöse		1.740		1.740	
17	a) Betriebsergebnis, b) Umsatzergebnis		a) 290		b) 211	❻ – 79

❷ Zudem müssen die **Normal-Zuschlagssätze** bekannt bzw. gegeben sein, da ja schon den ganzen Monat Mai mit diesen kalkuliert wurde.
❸ Um die Normal-Gemeinkosten berechnen zu können, benötigen wir wiederum die jeweilige **Zuschlagsbasis** der Kostenstellen. In den

4

Kostenstellen Material und Fertigung gibt es keine Differenzen, auch hier werden die Zahlen des Fertigungsmaterials und der Fertigungslöhne genommen, da diese auch während des betrachteten Monats in die Preise einkalkuliert wurden. Sie sollten allerdings beachten, dass sich nun veränderte HKU ergeben. Die Normal-HKU sind um 20 € größer als die Ist-HKU. ❹ Die **Summe der Normalgemeinkosten** können wir dabei jeweils wie folgt berechnen:

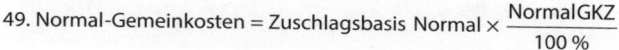

$$\text{49. Normal-Gemeinkosten} = \text{Zuschlagsbasis Normal} \times \frac{\text{NormalGKZ}}{100\,\%}$$

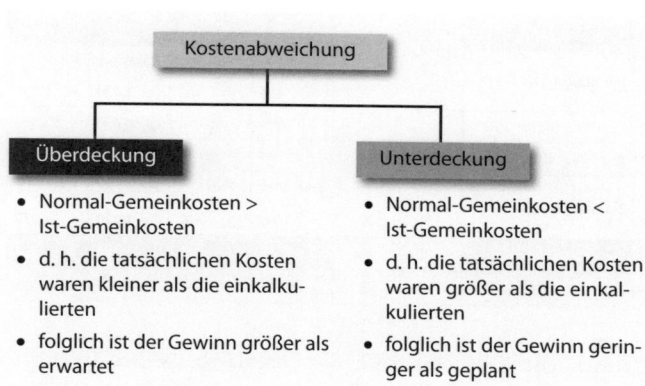

Kostenabweichung

Überdeckung

- Normal-Gemeinkosten > Ist-Gemeinkosten
- d. h. die tatsächlichen Kosten waren kleiner als die einkalkulierten
- folglich ist der Gewinn größer als erwartet

Unterdeckung

- Normal-Gemeinkosten < Ist-Gemeinkosten
- d. h. die tatsächlichen Kosten waren größer als die einkalkulierten
- folglich ist der Gewinn geringer als geplant

❺ Die **Kostenabweichung** erhalten wir, wenn wir von den Normalgemeinkosten jeder Gemeinkostenart die Ist-Gemeinkosten abziehen. Erhalten wir wie bei den Fertigungsgemeinkosten einen positiven Betrag, handelt es sich um eine **Überdeckung** – wir hatten 40 € mehr Kosten einkalkuliert als tatsächlich angefallen sind. Ein zu großer positiver Betrag könnte bedeuten, dass wir zu teuer werden. Im Fall der Materialgemeinkosten liegt eine **Unterdeckung** vor, da die Differenz negativ ist. Dieser Fall ist eindeutig schlecht, da wir tatsächlich 20 € mehr Kosten hatten, als einkalkuliert wurden. Insgesamt haben wir für alle Kostenstellen zusammen eine gemäßigte Überdeckung von 79 €. ❻ Folglich muss im Umkehrschluss das kalkulierte Betriebsergebnis um diese 79 € geringer ausfallen als das tatsächliche.

Kostenkontrolle im BAB

Die Kostenkontrolle kann aber auch im BAB durch-   F 2011 II: A4a-b, 12 Pt.
geführt werden. Dazu müssen wird an den BAB unserer Fallstudie unten vier Zeilen anhängen: ❶ Zunächst benötigen wir die gegebenen
Normal-Zuschlagssätze.

	Kostenkontrolle	05/17	HKSt.	Hauptkostenstelle			
	Gemeinkosten	Σ	1 HKSt.	2 Mat.	3 Fert.	4 Vw.	5 Vt.
	...						
10	Summe Ist-GK	700		100	200	300	100
11	Zuschlagsbasis – IST			Fert. Mat. 400	Fert. L. 400	HKU – Ist 1.000	HKU – Ist 1.000
12	Zuschlagssätze – IST			25,0 %	50,0 %	30,0 %	10,0 %
13	Zuschlagssätze – N.		❶	20,0 %	60,0 %	30,0 %	15,0 %
14	Zuschlagsbasis – N.		❷	Fert. Mat. 400	Fert. L. 400	HKU – N. 1.020	HKU – N. 1.020
15	Summe Normal-GK	700	❸	80	240	306	153
16	Abweichung = N. - IST	+79	❹	– 20	+ 40	+ 6	+ 53

❷ Anschließend benötigen wir die Zuschlagsbasis. Bei den Kostenstellen Material und Fertigung ist diese grundsätzlich identisch mit derjenigen der Istkosten. Es werden hier ebenfalls das Fertigungsmaterial
und die Fertigungslöhne verwendet. Es müssen allerdings die HKU neu
berechnet werden. ❸ Die Normalgemeinkosten in der dritten neuen
Zeile werden wie oben beschrieben berechnet. ❹ Im letzten Schritt
wird die Abweichung als Differenz aus Normal- und Ist-Gemeinkosten berechnet. Die Ergebnisse der beiden Methoden müssen natürlich
übereinstimmen. Solange in der Aufgabenstellung kein bestimmtes
Verfahren verlangt wird, ist es egal, für welche der beiden Varianten Sie
sich entscheiden.

4.3 Plankostenrechnung

Zu den **Zielen der Kosten- und Leistungsrechnung** zählt die **Kostenkontrolle**. Eine Form der Kostenkontrolle stellt die **Normalkostenrechnung** dar. Dort werden die tatsächlichen Istkosten einer Kostenstelle mit den normalerweise zu erwartenden und in der Vorkalkulation verwendeten **Normalkosten** verglichen. Letztlich ergibt sich damit aber immer nur ein **Ist-Ist-Vergleich**, d. h. es werden die aktuellen Zahlen mit denjenigen der Vergangenheit verglichen. Zudem fehlt hier eine Analyse der Ursachen für gegebenenfalls eintretende Abweichungen. An dieser Stelle setzt die zukunftsorientierte **Plankostenrechnung** ein. Sie vergleicht ebenfalls die tatsächlich eintretenden Ist-Werte mit **Soll-Werten**. Diese Planzahlen müssen aber nicht zwingend reine Vergangenheitswerte sein. Sie können sich auch aufgrund von Einschätzungen hinsichtlich der zukünftigen Entwicklung ergeben (bspw. Wechselkursoder Rohstoffpreisentwicklung).

Die Plankostenrechnung bezieht sich jeweils auf eine Kostenstelle (bzw. alternativ auf einzelne Kostenträger). Dabei werden verschiedene Formen der Plankostenrechnung unterschieden. Die **starre Plankostenrechnung** ist ein sehr einfaches Controlling-Instrument und stellt einen simplen Vergleich zwischen den Soll- und Istwerten her. Dabei unterscheidet sie *nicht* zwischen fixen und variablen Kostenbestandteilen. Die daraus resultierende **Proportionalisierung der Fixkosten** ist der immerwährende Hauptkritikpunkt an der Vollkostenrechnung.

Fixkosten sind innerhalb ihrer möglichen Kapazität starr und unveränderlich. In bestimmten Bereichen der Kostenrechnung (bspw. Zuschlagskalkulation u. starre Plankostenrechnung) werden die Fixkosten aber so behandelt, als ob sie veränderlich (variabel) seien. In diesem Fall spricht man von einer Proportionalisierung der Fixkosten. Die Zuschlagskalkulation mit Gemeinkosten-Zuschlagssätzen führt dazu, dass bspw. bei doppelt so hohen Einzelkosten auch doppelt so hohe Gemeinkosten einkalkuliert werden. Aber es ist offensichtlich, dass sich dadurch die Fixkosten nicht verändern (bspw. Miete).

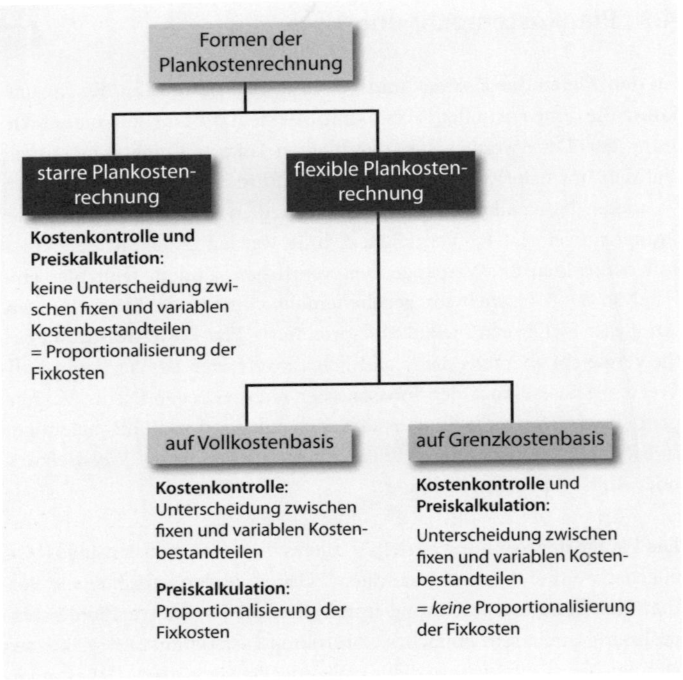

4

```
        ┌─────────────────────┐
        │      Formen der      │
        │  Plankostenrechnung  │
        └─────────────────────┘
```

starre Plankosten-rechnung

flexible Plankosten-rechnung

Kostenkontrolle und Preiskalkulation:

keine Unterscheidung zwischen fixen und variablen Kostenbestandteilen
= Proportionalisierung der Fixkosten

auf Vollkostenbasis

auf Grenzkostenbasis

Kostenkontrolle:
Unterscheidung zwischen fixen und variablen Kostenbestandteilen

Preiskalkulation:
Proportionalisierung der Fixkosten

Kostenkontrolle und Preiskalkulation:

Unterscheidung zwischen fixen und variablen Kostenbestandteilen

= *keine* Proportionalisierung der Fixkosten

4.3.1 Starre Plankostenrechnung

Für den Monat Juli wird eine Produktionsmenge in Höhe von 1.000 Stück Apfelkuchen (= **Planbeschäftigung**) mit dazugehörigen Kosten im Umfang von 1.000 € geplant (= **Plankosten,** davon seien 500 € fix). Tatsächlich können im Juli aufgrund des ungünstigen Wetters nur 700 Stück Apfelkuchen verkauft werden (**Istbeschäftigung**). Die **Istkosten** hierfür liegen bei 900 €.

Es ist offensichtlich, dass die Planwerte nicht realisiert wurden. Dabei stellt sich die Frage, inwiefern die Abweichungen zu erklären sind. Damit setzt sich die Plankostenrechnung in Form einer Abweichungsanalyse auseinander.

Starre Plankostenrechnung

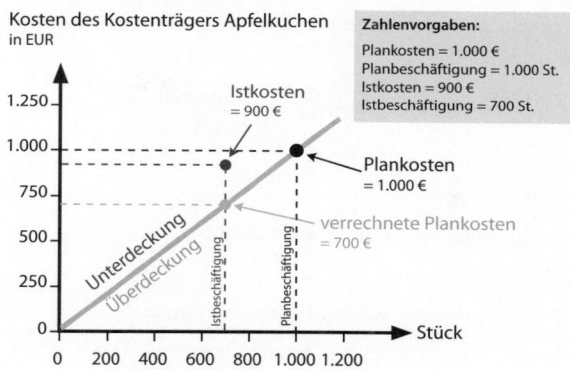

Kosten des Kostenträgers Apfelkuchen in EUR

Zahlenvorgaben:
Plankosten = 1.000 €
Planbeschäftigung = 1.000 St.
Istkosten = 900 €
Istbeschäftigung = 700 St.

Istkosten = 900 €

Plankosten = 1.000 €

verrechnete Plankosten = 700 €

Unterdeckung

Überdeckung

Istbeschäftigung

Planbeschäftigung

Stück

Die starre Plankostenrechnung folgert, dass bei Plankosten in Höhe von 1000 € und einer Planbeschäftigung von 1.000 Stück die geplanten Stückkosten bei 1 € liegen müssten (= **Plankostenverrechnungssatz**). Die für die abgesetzte Menge einkalkulierten Kosten werden als **verrechnete Plankosten** bezeichnet und werden als Produkt aus geplanten Stückkosten und Istbeschäftigung berechnet: Sie ergeben in unserem Beispiel 700 € (= 700 Stück mal 1 €/St.). Diese verrechneten Plankosten gingen den gesamten Monat über in die Preiskalkulation ein, decken aber nicht die tatsächlich entstandenen Istkosten im Umfang von 900 €. Die Differenz zwischen verrechneten Plankosten und Istkosten wird **Gesamtabweichung** (−200 € = Kostenunterdeckung). Sofern sich die Istkosten in der Abbildung für eine beliebige Menge oberhalb der Linie der verrechneten Plankosten befinden (wie in unserem Beispiel), handelt es sich um eine **Kostenunterdeckung**. Die einkalkulierten Kosten konnten die tatsächlich entstandenen Kosten nicht abdecken. Unterhalb der Linie hätten wir dann den Fall einer **Kostenüberdeckung**.

In unserem Fall würde die Controlling-Kontrolllampe rot leuchten und eine **Analyse der Ursachen** wäre notwendig. Eine Antwort hierauf liefert die starre Plankostenrechnung soweit nicht. Die Abbildung zeigt

4

aber auch, dass die verrechneten Plankosten bei einer Absatzmenge von 0 St. gleich 0 € sein müssten. Das könnte nur dann sein, wenn es keine Fixkosten gäbe, also alle Kosten variabel wären. Dies ist natürlich unrealistisch.

50. Plankostenverrechnungssatz (PKVS) = $\dfrac{\text{Plankosten}}{\text{Planbeschäftigung}}$ =

$$= \dfrac{1.000\ €}{1.000\ St.} = 1\ €/St.$$

51. verrechnete Plankosten = PKVS × Istbeschäftigung =

$$= 1€ \times 700\ St. = 700\ €$$

52. Gesamtabweichung = verrechnete Plankosten - Istkosten =

$$= 700\ € - 900\ € = - 200\ € < 0 \rightarrow \text{Unterdeckung}$$

4.3.2 Flexible Plankostenrechnung

Wenn von den 1.000 € Plankosten 500 € fix seien, dann lässt sich daraus ableiten, wie groß die Kosten hätten sein sollen, sofern die Absatzmenge eine bestimmte Höhe erreicht. Wir dividieren hierfür die variablen Plankosten durch die Planbeschäftigung und erhalten den **variablen Plankostenverrech-**

H 2009 II: A4a-d, 12 Pt.
H 2010 II: A4a-c, 10 Pt.
H 2011 II: A4a-c, 10 Pt.
H 2013 II: A1a-b, 10 Pt.
F 2014 II: A1a-d, 11 Pt.
F 2015 II: A3a-b, 12 Pt.

nungssatz mit 0,50 € je Stück (500 € variable Plankosten dividiert durch 1.000 Stück). Die erlaubten **Sollkosten** erhält man durch die Multiplikation des variablen Plankostenverrechnungssatzes mit der Istbeschäftigung und einer anschließenden Addition mit den geplanten Fixkosten. In unserem Fall erhalten wir 850 € (0,50 €/St. mal 700 Stück plus 500 € Fixkosten). Die Sollkosten lassen sich ebenfalls als Gerade in die Abbildung eintragen. Sie beginnen links bei den Fixkosten und steigen in Höhe der variablen Stückkosten an. Sie müssen die Plankosten bei der Planbeschäftigung schneiden. Daraus lassen sich zwei weitere Formen der Abweichung ableiten:

FHS-Verlag.de
Fachbuchverlag Holger Stöhr

Flexible Plankostenrechnung auf Vollkostenbasis

Für den Kostenträger Apfelkuchen gilt:

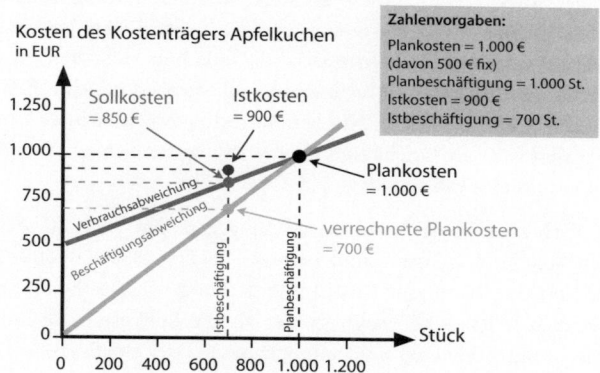

Zahlenvorgaben:
Plankosten = 1.000 €
(davon 500 € fix)
Planbeschäftigung = 1.000 St.
Istkosten = 900 €
Istbeschäftigung = 700 St.

53. Plankostenverrechnungssatz (PKVS) $= \dfrac{\text{Plankosten}}{\text{Planbeschäftigung}} =$

$$= \frac{1.000 \, €}{1.000 \, St.} = 1 €/St.$$

54. verrechnete Plankosten = PKVS × Istbeschäftigung =

$$= 1 €/St. \times 700 \, St. = 700 \, €$$

55. Gesamtabweichung = verrechnete Plankosten - Istkosten =

$$= 700 \, € \; - \; 900 \, € = \; - \; 200 \, €$$

56. variabler Plankostenverrechnungssatz $= \dfrac{\text{variable Plankosten}}{\text{Planbeschäftigung}} =$

$$= \frac{500 \, €}{1.000 \, St.} = 0,50 €/St.$$

57. Sollkosten = variabler PKVS × Istbeschäftigung + gepl. Fixkosten =

$$= 0,50 \, €/St. \times 700 \, St. + 500 \, € = 850 \, €$$

4

- Die **Beschäftigungsabweichung** repräsentiert die Fixkostendegression. Sofern die geplante Auslastung in Höhe von 1.000 Stück nicht erreicht werden kann, verteilen sich die geplanten Fixkosten auf weniger Stück, wodurch die Fixkosten pro Stück und damit auch die Stückkosten insgesamt größer werden. Insofern wäre bei einer geringeren als der geplanten Auslastung eine höhere Kostenbelastung als die durch die verrechneten Plankosten dargestellte Linie notwendig. Die Differenz zwischen verrechneten Plankosten und Sollkosten wird als Beschäftigungsabweichung bezeichnet. Sie beträgt in unserem Fall −150 € (= 700 € − 850 €).

- Die **Verbrauchsabweichung** erfasst hingegen den Abstand zwischen Soll- und Istkosten und beträgt −50 € (= 850 € − 900 €). Hier liegt wiederum eine Kostenunterdeckung vor. Das heißt, die tatsächlichen Istkosten waren größer als die Sollkosten. Gründe liegen häufig in höheren Beschaffungspreisen oder einem größeren Verbrauch, Schwund oder Diebstahl. Auch hier ist die Plankostenrechnung nur ein Einstieg, um auf möglicherweise problematische Abweichungen hinzuweisen.

- Die **Gesamtabweichung** addiert die Beschäftigungs- und Verbrauchsabweichung und muss zum gleichen Ergebnis wie die starre Plankostenrechnung kommen (−200 € Kostenunterdeckung).

58. Beschäftigungsabweichung (BA) =

    = verrechnete Plankosten - Sollkosten =

    = 700 € − 850 € = − 150 €

59. Verbrauchsabweichung (VA) =

    = Sollkosten - Istkosten =

    = 850 € − 900 € = − 50 €

60. Gesamtabweichung (GA) = BA + VA =

    = - 150 € − 50 € = − 200 €

4.4 Neuere Kostenrechnungsverfahren

4.4.1 Zielkostenrechnung (Target Costing)

Es gibt Zeiten, in denen einzelne, viele oder alle Märkte durch ein zu geringes Angebot gekennzeichnet sind. Die Angebotskapazitäten sind nicht groß genug und die Kunden müssen mit starken Preiserhöhungen oder langen Lieferzeiten rechnen. Diese Märkte werden als **Verkäufermärkte** bezeichnet und werden in der Volkswirtschaftslehre durch den Begriff Nachfrageüberhang bezeichnet. Dies sind sehr rosige Zeiten für Unternehmen. Die Kalkulation ist hier auch relativ einfach. Es werden einfach die anfallenden Kosten in Form einer Vorwärtskalkulation einkalkuliert und damit der Verkaufspreis berechnet. Im Normalfall herrschen zumindest heutzutage **Käufermärkte** vor. Diese Märkte sind durch überschüssige Kapazitäten gekennzeichnet, die Hersteller betreiben intensiven Wettbewerb um die Kunden und die Preise müssen daher eng an den Marktpreisen ausgerichtet sein.

In diesen Rahmen passt die **Zielkostenrechnung (target costing)**, die von gegebenen Marktpreisen ausgeht und damit eine Art Rückwärtskalkulation durchführt. Daraus ergibt sich, dass nur eine bestimmte Kostenhöhe erlaubt ist (**allowable costs**). Diese Form der Kostenrechnung stellt eine Variante der herkömmlichen Kostenrechnung dar. Sie schließt eine traditionelle Zuschlagskalkulation nicht aus, sondern betont lediglich den Vorrang des anvisierten, notwendigen Verkaufspreises vor den vorhandenen Kosten. Ausgehend vom **Zielverkaufspreis** wird die geplante Gewinnmarge abgezogen. Daraus ergeben sich die erlaubten Kosten (**allowable costs**). Sofern diese niedriger als die vorherrschenden **Standardkosten** sind (= **Zielkostenlücke**), müssen die Kosten in den einzelnen Funktionsbereichen gesenkt werden. Allerdings gibt es hierfür unterschiedliche, oftmals unternehmensindividuelle Vorgehensweisen. Auf eine weitere Ausführung kann in unserem Zusammenhang verzichtet werden.

4.4.2 Prozesskostenrechnung

Es wird nicht mehr auf der traditionellen Einteilung   F 2017 II: A4b, 6 Pt.
des Betriebs in Abteilungen/Kostenstellen aufgebaut. Nicht mehr der
sachliche Betriebsaufbau (*verrichtungsorientierte Organisation*) steht im
Vordergrund, sondern eine **prozessorientierte Sicht der Organisation**.
Für die Kostenrechnung bedeutet dies eine Kalkulation ausgehend von
einzelnen Prozessen (Tätigkeiten, Abläufen), für die Prozesskostensätze
berechnet werden. Dabei setzen sich die einzelnen Hauptprozesse aus
Teilprozessen zusammen, die auch abteilungsübergreifend sein können.

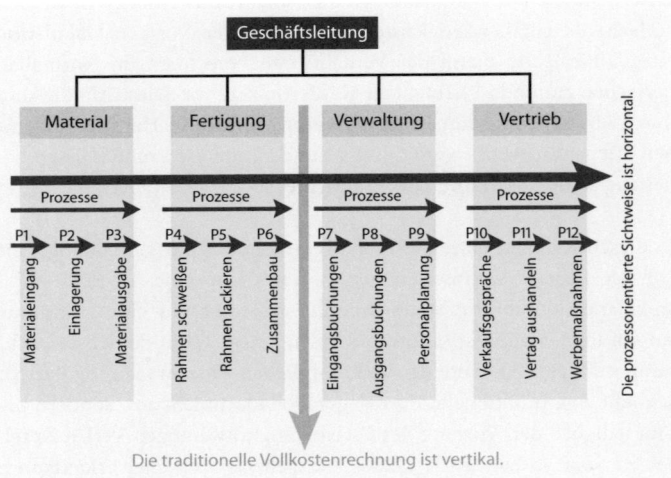

Es zeigt sich klar der **horizontale Charakter der Prozesskostenrech-
nung,** dabei sind viele (Teil-) Prozesse notwendig um das von den Lieferanten erhaltene Fertigungsmaterial als Fertigprodukt an den Kunden
weiterzureichen. Die herkömmliche (Voll-) Kostenrechnung ist demgegenüber **vertikal** und berechnet für die einzelnen Abteilungen jeweils
Gemeinkostenzuschlagssätze. **Vorteile**: 1. Förderung abteilungsüber-
greifenden Denkens, 2. Kontrolle und Verbesserung von Prozessen,
3. Aufdeckung von Einsparungspotenzialen, 4. mehr Transparenz.

5 Controlling

5.1 Begriff und Notwendigkeit des Controllings

Das Controlling besteht aus **Planung, Lenkung/** H 2014 II: A3a, 2 Pt.
Steuerung/Koordination und Kontrolle im Unter- F 2016 II: A1a, 3 Pt.
nehmen. Zur Erfüllung dieser Aufgaben benötigt das Controlling **In-**
formationen, die es beschafft, aufbereitet, analysiert, weiterreicht.

Zu den **Zielen des Controllings** zählen: 1. Grundlage für fundierte
Unternehmensentscheidungen, 2. Entlastung und Unterstützung des
Managements, 3. Einrichtung eines Frühwarnsystems und 4. Informati-
onssystem für das Management.

5.2 Organisatorische Eingliederung

In die **Aufbauorganisation** von kleineren Unternehmen kann das Controlling durch einen oder mehrere Mitarbeiter in Form einer bzw. meh-
rerer Stabsstellen integriert werden. In größeren Unternehmen kann es
auch eigene Abteilungen geben. Controlling kann in unterschiedlichen
Funktionsbereichen stattfinden: bspw. Finanz-, Personalcontrolling.

5.3 Aufgaben des Controllings

Das Controlling hat die folgenden Aufgaben bzw. | H 2009 II: A7a, 2 Pt.
Funktionen: | F 2010 II: A3a-b, 10 Pt.
| H 2011 II: A1a, 6 Pt.
| F 2013 II: A1a, 3 Pt.
- **Planung**: Erstellung von Plänen, Plausibilitäts- | H 2014 II: A3b, 9 Pt.
prüfung dieser, Zusammenführung von Teil- und | F 2017 II: A4a, 8 Pt.
Gesamtplänen.

- **Lenkung/Steuerung/Koordination**: Empfehlungen für die einzelnen Abteilungen (keine Weisungsbefugnis), Koordination der einzelnen Bereiche/Abteilungen/Projekte.

- **Kontrolle im Unternehmen**: regelmäßige Soll-/Ist-Vergleiche, Analyse von Abweichungen, Soll-/Wird-Analysen.

5

- Zur Erfüllung dieser Aufgaben benötigt das Controlling **Informationen**, die es beschafft, aufbereitet, analysiert, weiterreicht: Kennzahlen, Berichte erstellt, Steuerungsinformationen für die einzelnen Abteilungen/Bereiche.

Eine wesentliche Aufgabe des Controllings ist die Erstellung von **Berichten**, z. B.:

- **Personalberichte**: Personalkosten, -kennzahlen, Beschäftigte

- **Finanzberichte**: Liquiditätsplanung, Soll-Ist-Abweichungen

- **Erfolgsberichte**: mehrstufige Deckungsbeitragsrechnung, Kostenträgerzeitrechnung

- **Fertigungsberichte**: Auslastungsgrade, Mengen, Ausschuss

5.4 Controllinginstrumente

Es wird zwischen dem strategischen und dem operativen Controlling unterschieden:

| H 2009 II: A7b, 4 Pt. |
| H 2011 II: A1b, 2 Pt. |
| F 2013 II: A1b, 3 Pt. |
| F 2014 II: A2a, 4 Pt. |
| F 2015 II: A4a, 2 Pt. |

- Das **strategische Controlling** beschäftigt sich mit der grundlegenden, langfristigen Richtung der Entwicklung, also der Frage, wo das Unternehmen in fünf oder zehn Jahren stehen möchte.

- Das zahlenlastige **operative Controlling** versucht diese vorgegebene Zielrichtung im Detail umzusetzen. Dazu werden für die einzelnen Bereiche konkrete kurzfristige Pläne (bspw. Budgets) gemacht.

- Die **Kontrolle** erfolgt dabei mit Soll-Ist-Vergleichen (am Ende), Soll-Wird-Vergleichen (zwischendurch), Branchenvergleichen (mit den stärksten Konkurrenten), Zeitvergleichen (letztes Jahr vs. dieses Jahr) und bei größeren Unternehmen mit Vergleichen zwischen einzelnen Betriebsstätten oder zwischen einzelnen Filialen.

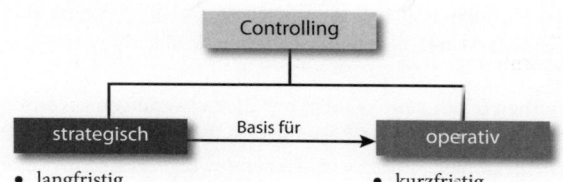

strategisch	Basis für →	operativ

- langfristig
- qualitativ
  - ♦ zielorientiert
  - ♦ vage/ungenau
- dem höheren Management zugeordnet
- zu den Instrumenten bzw. **Analysetechniken** zählen:
  - ♦ Portfolio-Analyse
  - ♦ Produktlebenszyklusanalyse
  - ♦ Balanced Scorecard
  - ♦ SWOT-Analyse
  - ♦ Benchmarking

- kurzfristig
- quantitativ
  - ♦ an Kennzahlen orientiert
  - ♦ detailliert
- dem unteren Management zugeordnet
- zu den Instrumenten bzw. **Kontrollsysteme** zählen:
  - ♦ Kennzahlen
  - ♦ Budgets, Soll-Ist-Analysen
  - ♦ Plankostenrechnung
  - ♦ Gewinnschwellenanalyse
  - ♦ Rentabilitätsrechnungen

5.4.1 Strategische Controllinginstrumente

Portfolio-Analyse

Die **Portfolio-Analyse** betrachtet neben dem Pro-   H 2010 II: A5a-b, 8 Pt.
duktlebenszyklus weitere Faktoren, die Auskunft über die Lage und zukünftige Entwicklungen unserer Produkte geben könnten. Ziel ist dabei jeweils eine angepasste optimale Strategie (**Normstrategie**) für die einzelnen Produkte in den 4 Feldern:

❶ **Fragezeichen** (Question marks): Diese Märkte mit Chancen sind problematisch. Sofern die Chancen gut stehen, vom Marktwachstum zu profitieren, sollte kräftig investiert werden (**Offensivstrategie**). Andersfalls sollte ein Rückzug vom Markt erwogen werden.

5

❷ **Sterne** (Stars) müssen am Himmel bleiben. Daher muss investiert werden, um die Marktstellung halten zu können (**Wachstumsstrategie**).

❸ Bei **Melkkühen** (Cash cows) sollten nur die notwendigen Investitionen durchgeführt werden. Die Überschüsse sollten zur Förderung zukünftiger Stars in aktuelle, Erfolg versprechende Fragezeichen investiert werden (**Gewinnabschöpfungsstrategie**).

❹ Die **armen Hunde** (Poor dogs) sollten vom Markt eliminiert werden (**Desinvestitionsstrategie**). Nur aus Gründen der Produktion, des Sortiments oder des Images könnte ein Weiterbetrieb gerechtfertigt sein.

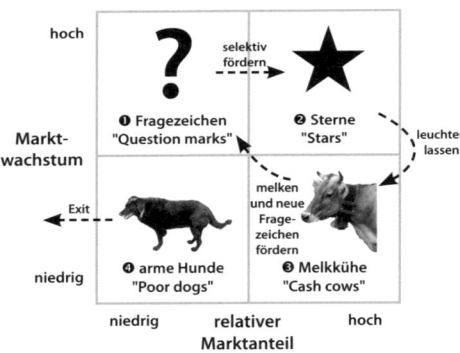

Tipp:
Die Bedeutung der Produkte, Produktgruppen oder Sparten kann durch die Größe von Kreisen dargestellt werden.

Produktlebenszyklusanalyse

Es werden fünf Phasen unterschieden: ❶ Einführungsphase, ❷ Wachstumsphase, ❸ Reifephase, ❹ Sättigungsphase und ❺ Degenerationsphase. Aufgrund hoher Einführungskosten (Forschung und Entwicklung, Werbung) entstehen zu Beginn Verluste. In der Wachstums-/Reifephase kommen für gewöhnlich Konkurrenten auf den Markt und mindern die Gewinne – trotz noch steigender Umsätze. Es können grundsätzlich Gewinn, Umsatz, Marktanteil, Deckungsbeitrag usw. betrachtet werden.

FHS-Verlag.de
Fachbuchverlag Holger Stöhr

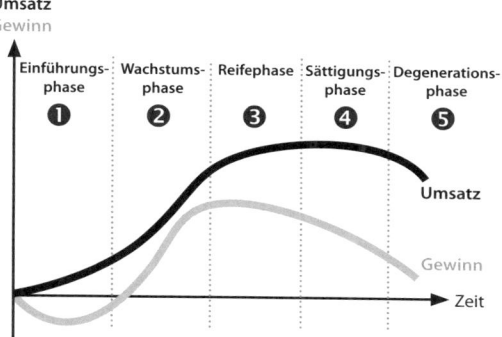

Zusammenhang Produktlebenszyklus u. Portfolio-Analyse

Zwar ist der Zusammenhang nicht zwingend, aber denkbar:

- Einführungs-/Wachstumsphase: Fragezeichen (Question marks)

- Wachstumsphase: Sterne (Stars)

- Reifephase: Melkkühe (Cash cows)

- Degenerationsphase (Rückgangsphase): arme Hunde (Poor dogs)

Balanced Scorecard

Das Controlling basiert auf Informationen und einem darauf aufbauenden Berichtswesen. Es stellt
sich jedoch die Frage, welche Kennzahlen bzw.

H 2009 II: A7c, 6 Pt.
H 2011 II: A1c, 2 Pt.
F 2014 II: A2b, 2 Pt.

Informationen hier berücksichtigt werden sollen. Dabei besteht die
grundsätzliche Gefahr, zu wenige, zu viele, die falschen oder einseitig
ausgerichtete Informationen zu verwerten. Hier setzt die Methode der
Balanced Scorecard (ausgewogener Berichtsbogen) an.

Ziel der Balanced Scorecard ist eine ausgewogene Mischung von Informationen aus unterschiedlichen Bereichen bzw. Perspektiven zusam-

5

menzutragen. Hierfür werden vor allem die folgenden 4 Bereiche bzw. Perspektiven verwendet:

- **Finanzperspektive**: Kennzahlen in Bezug auf die Erreichung finanzwirtschaftlicher Ziele.

- **Kundenperspektive**: Analyse der Markt-, Branchen- und Konkurrenzsituation sowie der Beurteilung durch Kunden.

- **Prozessperspektive**: Ziel ist die Optimierung von Prozessen (Ablauforganisation) und damit zusammenhängenden Informationen.

- **Wachstums-/Entwicklungsperspektive**: Identifizierung der Aspekte, die einen langfristigen Erfolg ermöglichen.

SWOT-Analyse

Die **SWOT-Analyse** ermittelt die internen Stärken F 2015 II: A4b, 4 Pt. (Strengths) und Schwächen (Weaknesses) des Unternehmens, um daraus eine Strategie hinsichtlich möglicher externer Chancen (Opportunities) und Risiken/Gefahren (Threats) zu entwickeln.

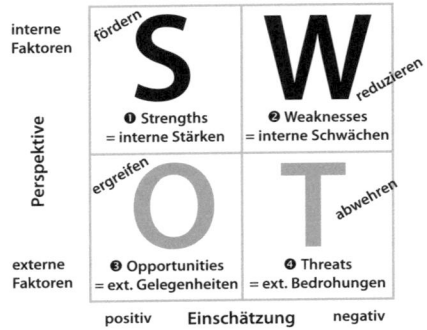

- Zu den **internen Faktoren** zählen: Qualifikation der Mitarbeiter, Kosten allgemein (bspw. Lohnniveau), Finanzkraft, Image, Innovationsstärke, Sortimentsbreite und -tiefe.

FHS-Verlag.de
Fachbuchverlag Holger Stöhr

- Zu den **externen Faktoren** zählen: demografische Trends (bspw. Alterung in Industrienationen), Technologien, kultureller Wandel, Gesetzgebung, politische Lage, Konkurrenten, Lieferanten.

Im Rahmen der SWOT-Analyse lässt sich eine **TOWS-Matrix** (von rechts oben nach links unten lesen: T-O-W-S) erstellen. Daraus lassen sich dann vier Normstrategien ableiten:

Tipp:

Häufig (auch in Lösungen zu IHK-Prüfungen) wird die zweite Abbildung als SWOT-Analyse bezeichnet. Das ist nicht ganz korrekt. Sie ist eine Folge bzw. Ableitung aus der SWOT-Analyse. Für Prüfungen reicht für gewöhnlich die zweite Abbildung völlig aus.

Benchmarking

Das **Benchmarking** ist ein System zur Messung bzw. Einordnung a) unseres Unternehmens im externen Vergleich mit dem stärksten Mitbewerber oder b) im internen Vergleich zwischen Abteilungen/Produkten u. zur Beurteilung von Mitarbeitern. Vorteil: Offenlegung von Schwachstellen. Nachteile/Probleme: Beschaffung entsprechender Vergleichsdaten, nur Reaktion statt Aktion.

5

5.4.2 Operative Controllinginstrumente

Zu den operativen Controllingsinstrumenten zählen u. a.:

- In den unterschiedlichen Funktionsbereichen eines Unternehmens sind jeweils verschiedene **Kennzahlen** nutzbar: bspw. Absatz (Verkaufszahlen nach Menge, Umsatz, Region und Artikelgruppen), Personal (Beschäftigte unterschieden nach Alter etc., Fluktuationsraten).

- Im Bereiche der Kostenrechnung sind auch Break-even-Analysen zur Berechnung der Gewinnschwelle nutzbar.

FHS-Verlag.de
Fachbuchverlag Holger Stöhr

Anhang A: Fragen/Aufgaben zur Prüfungssimulation

A

Prüfungssimulation 1   (insgesamt 42 Punkte)

1. Eine Investition mit einer Laufzeit von 5 Jahren verursacht zu Beginn des Jahres 2017 eine Anfangsauszahlung von 850.000 €. Der Restwert wird mit 250.000 € veranschlagt (Kalkulationszinsfuß: 7 %). Während des Investitionszeitraums fallen nachschüssig folgende Zahlungsströme an: **(Σ = 14 Punkte)**

in EUR	2017	2018	2019	2020	2021
Einzahlungen	200.000	200.000	200.000	200.000	200.000
Auszahlungen	40.000	45.000	50.000	55.000	60.000

   a) Ermitteln Sie den Kapitalwert der Investition.   **(4 Pt.)**

   b) Berechnen Sie den internen Zinsfuß.   **(8 Pt.)**

   c) Wie hoch darf die Anfangsauszahlung maximal sein, um keinen negativen Kapitalwert zu erzielen?   **(2 Pt.)**

2. Zur Sicherung der Logistik zwischen der Heimat und dem neuen moldawischen Standort plant die Zett AG die Anschaffung eines eigenen LKWs. Der Listenpreis beträgt 224.000 EUR. Hierfür bietet unsere Hausbank eine vollständige Finanzierung mit einem 5-jährigen Annuitätendarlehen an. Dafür sind 2 Prozent Disagio sofort fällig, der Nominalzinssatz liegt bei 6 % p. a. Der Vorteil dieser Fremdfinanzierung besteht in der Möglichkeit, bei sofortiger Bezahlung 12,5 % Prozent Rabatt bei unserem Lieferanten in Anspruch zu nehmen.   **(Σ = 12 Punkte)**

   a) Berechnen Sie den notwendigen Kreditbetrag.   **(2 Pt.)**

   b) Erstellen Sie eine Tabelle, in der die Zins- und Tilgungsentwicklung über die fünf Jahre dargestellt wird.   **(8 Pt.)**

   c) Ermitteln Sie die gesamten Kreditkosten.   **(2 Pt.)**

3. Für die Kostenstelle K27 stehen für März 2017 die folgenden Daten zur Verfügung. Die Planbeschäftigung liegt bei 1.200, die Istbeschäftigung bei 1.400 Maschinenstunden. **(Σ = 12 Punkte)**

Kostenstelle: K27	Plankosten (€)			Istkosten (€)
Kostenarten	gesamt	variabel	fix	gesamt
Energiekosten	11.000	9.000	2.000	12.500
kalk. Abschr.	10.000	0	10.000	10.000
Hilfsstoffe	8.000	4.800	3.200	8.500
Gehälter	55.000	30.000	25.000	54.000
Summe	84.000	43.800	40.200	85.000

a) Berechnen Sie für die Kostenart Hilfsstoffe die Verbrauchsabweichung. Nennen Sie zwei mögliche Ursachen hierfür. **(4 Pt.)**

b) Ermitteln Sie Beschäftigungsabweichung für die gesamte Kostenstelle K27 und erläutern Sie eine mögliche Ursache für diese Abweichung. **(6 Pt.)**

c) Leiten Sie die Gesamtabweichung für die gesamte Kostenstelle K27 ab. **(2 Pt.)**

4. Die Gähn AG plant eine Intensivierung des strategischen Controllings. Unterscheiden Sie jeweils anhand von zwei Merkmalen zwischen strategischem und operativem Controlling. **(Σ = 4 Punkte)**

FHS-Verlag.de
Fachbuchverlag Holger Stöhr

Prüfungssimulation 2   (insgesamt 40 Punkte)

A

1. Die Antitrend AG möchte ein Gebäude im Wert von 5 Mio. € erwerben. Als Alternative zur Darlehensaufnahme bietet uns eine Finanzierungsgesellschaft ein »Sale-and-lease-back«-Angebot. Dabei würden wir einen Teil unseres Maschinenparks im Wert von 10 Mio. € verkaufen. Die jährlichen Leasingraten betragen 500 T€. Dieses Angebot soll von Ihnen eingehend geprüft werden. Sofern nicht benötigte Mittel übrig bleiben, sollen sie zum Abbau der langfristigen Bankverbindlichkeiten dienen. Diese werden bisher im Schnitt mit 8 Prozent verzinst. **(Σ = 16 Punkte)**

   a) Berechnen Sie die Eigenkapitalquote, die Liquiditätsgrade I bis III, sowie das »Working capital ratio«. **(5 Pt.)**

   b) Beschreiben Sie die für den Kauf des Patents vorgeschlagene Finanzierungsform anhand dieses Beispiels. **(5 Pt.)**

   c) Die Antitrend AG nimmt das Angebot an. Erläutern Sie die Auswirkungen auf die einzelnen Bilanzpositionen sowie den Gewinn, der bisher 500 T€ beträgt. **(4 Pt.)**

   d) Stellen Sie vier Möglichkeiten dar, wie die Liquidität 1. Grades kurzfristig verbessert werden könnte. **(2 Pt.)**

A	Bilanz in T€		P
Anlagevermögen	200	**Eigenkapital**	125
Grundstücke/Gebäude	120		
Maschinen	80		
Umlaufvermögen	300	**Fremdkapital**	375
Eiserner Bestand	25	Darlehen (langfristig)	100
Vorräte	75	Rückstellungen (langfr.)	75
Forderungen	100	Lieferantenschulden	150
Wertpapiere	50	Kontokorrentkredit	25
Kasse, Bank	50	Sonstiges kurz. FK	25
Gesamtvermögen	**500**	**Gesamtkapital**	**500**

2. Die Gähn AG erwägt die Anschaffung einer neuen Produktionsanlage (Nutzungsdauer jeweils 10 Jahre; Kalkulationszinssatz von 8 %). Hierfür stehen zwei Alternativen zur Auswahl: **(Σ = 12 Punkte)**

in EUR	Anlage I	Anlage II
Anschaffungskosten	500.000	275.000
Restwert	100.000	25.000
Fixkosten p. a.	150.000	100.000
variable Kosten pro St.	500	550
Nettoverkaufspreis	750	700

Die durchschnittlich jährlich absetzbare Produktionsmenge beträgt 1.000 Stück. In den fixen Kosten sind die kalkulatorischen Kosten noch nicht berücksichtigt.

a) Vergleichen Sie die Kosten der beiden Anlagen.   **(5 Pt.)**

b) Ermitteln Sie die kritische Menge.   **(2 Pt.)**

c) Berechnen Sie den Gewinn der beiden Anlagen.   **(2 Pt.)**

d) Vergleichen Sie die Rentabilität der beiden Anlagen.   **(3 Pt.)**

3. Die Gesellschaft für mobile Musik mbH stellt verschiedene MP3-Player her. Bei der Herstellung sind zwei Fertigungsanlagen zu durchlaufen. Die Anlage A hat eine monatliche Kapazität von 750 Stunden und die Anlage B von 500 Stunden.   **(Σ = 10 Punkte)**

Zusätzliche Angaben	Modern	Robust	Ruhig
NVP pro Stück	50 EUR	40 EUR	38 EUR
variable Stückkosten	30 EUR	20 EUR	20 EUR
Fertigungszeit/St. Anlage A	5 min	3 min	2 min
Fertigungszeit/St. Anlage B	4 min	5 min	3 min
maximale Absatzmenge	5.000 St.	4.000 St.	3.000 St.
monatl. Lieferverpflichtung	1.250 St.	3.000 St.	0 St.

Bei der Umstellung von einem Produkt auf ein anderes entstehen Rüstzeiten von 4 Stunden und 10 Minuten bei Anlage A und von 5 Stunden bei Anlage B. Dabei ist die jeweilige Anlage für das erste Produkt zu Beginn des Monats bereits umgestellt.

a) Berechnen Sie, ob es zu betrieblichen Engpässen kommt.   **(4 Pt.)**

b) Bestimmen Sie das optimale Produktionsprogramm.   **(6 Pt.)**

4. Die Gähn AG plant eine Intensivierung des strategischen Controllings. Erläutern Sie zwei Ziele des Controllings.   **(Σ = 2 Punkte)**

Anhang B: Lösungen zu den Aufgaben

B

Prüfungssimulation 1

1. RSP 6.1.2.3 (Kap. 1.2.3)   **(14 Punkte)**

a) Kapitalwert = − 53.955,19 €.

n	Einzahl.	Auszahl.	EZÜ	BW 7 %	BW 5 %
0		− 850.000	− 850.000	− 850.000,00	− 850.000,00
1	200.000	− 40.000	160.000	149.532,71	152.380,95
2	200.000	− 45.000	155.000	135.383,00	140.589,57
3	200.000	− 50.000	150.000	122.444,68	129.575,64
4	200.000	− 55.000	145.000	110.619,81	119.291,86
5	450.000	− 60.000	390.000	278.064,61	305.575,20
Σ	1.250.000	− 1.100.000	150.000	$C_0 = -53.955,19$	$C_0 = -2.586,77$

b) interner Zinsfuß (Dreisatz mit 7 % und 5 %) = 4,90 % (korrekter ungerundeter Wert eigentlich: 4,9041546 %)

$$- 53.955,19 € - (- 2.586,77 €) = - 51.368,42 €$$

$$- 51.368,42 € \triangleq - 2 \%$$

$$- 53.955,19 € \triangleq - x \%$$

$$- x \% = - 2 \% \cdot \frac{- 53.955,19 €}{- 51.368,42 €} = - 2,10 \%$$

$$\rightarrow \text{ interner Zinsfuß} = 7 \% - 2,10 \% = 4,90 \%$$

Tipp:

Es lässt sich auch dann ein interner Zinsfuß mit Dreisatz oder Regula falsi berechnen, wenn zwei Zinssätze mit negativem Kapitalwert vorliegen.

c) Die maximal erlaubte Anfangsauszahlung für einen Kapitalwert von 0 € ist einfach berechnet, indem wir von der gegebenen Anfangsauszahlung von −850.000 € den negativen Kapitalwert in Höhe von 53.955,19 € abziehen. Folglich darf die Anfangsauszahlung nur maximal 796.044,81 € betragen.

B

2. RSP 6.3.4 (Kap. 3.4)   **(12 Punkte)**

Zunächst berechnen wir den notwendigen Kredit, dann die Annuität und schließlich wird ein Zins-/Tilgungsplan erforderlich:

a) notwendiger Kredit = 200.000 €

Listenpreis		224.000
- Rabatt	12,50 %	28.000
Kapitalbedarf		196.000
+ Disagio	2,00 %	4.000
Kreditbetrag		200.000

b) Zur Berechnung der Annuität benötigen wir den Barwertfaktor (BWF):

$$\text{Annuität} = \frac{\text{Kreditbetrag}}{\text{BWF}}$$

$$\text{BWF} = \frac{q^n - 1}{q^n \cdot (q - 1)} = \frac{1,06^5 - 1}{1,06^5 \cdot (1,06 - 1)} = 4,212363786$$

$$\text{Annuität} = \frac{200.000 \text{ €}}{4,212363786} = 47.479,28 \text{ €}$$

Die Summe der Tilgungsbeträge sollte 200.000 € ergeben:

n	Anfangsschuld	Zins	Tilgung	Rate
1	200.000,00	12.000,00	35.479,28	47.479,28
2	164.520,72	9.871,24	37.608,04	47.479,28
3	126.912,68	7.614,76	39.864,52	47.479,28
4	87.048,16	5.222,89	42.256,39	47.479,28
5	44.791,77	2.687,51	44.791,77	47.479,28
Σ	–	37.396,40	200.000,00	**237.396,40**

c) Die gesamten Kreditkosten ergeben sich aus der Summe der Zinsen plus Disagio: 37.396,40 € + 4.000 € = 41.396,40 €.

Tipp:

Disagio ist der Prozentsatz eines Kredits, den die Bank einbehält. Der Kapitalbedarf entspricht somit nur 98 % des Kreditbetrags.

3. RSP 6.4.3 (Kap. 4.3) **(12 Punkte)**

a) variabler PKVS für Hilfsstoffe $= \dfrac{4.800 €}{1.200 \text{ Std.}} = 4$ €/Std. (= variabler PKVS)

Sollkosten = variabler PKVS × Istbeschäftigung + gepl. Fixkosten =

= 4 €/Std. × 1.400 Std. + 3.200 € = 8.800 €

VA = Sollkosten - Istkosten = 8.800 € - 8.500 € = + 300 € > 0 → Überdeckung

mögliche Ursachen: geringerer Ausschuss oder sinkende Beschaffungspreise

b) Plankostenverrechnungssatz $= \dfrac{84.000 €}{1.200 \text{ Std.}} = 70$ €/Std. (= PKVS)

verrechnete Plankosten = PKVS × Istbeschäftigung =

= 70 €/Std. × 1.400 Std. = 98.000 €

variabler PKVS für K27 $= \dfrac{43.800 €}{1.200 \text{ Std.}} = 36{,}50$ €/Std. (= variabler PKVS)

Sollkosten = variabler PKVS × Istbeschäftigung + gepl. Fixkosten =

= 36,50 €/Std. × 1.400 Std. + 40.200 € = 91.300 €

Beschäftigungsabweichung (BA) = verrechnete Plankosten - Sollkosten =

= 98.000 € - 91.300 € = + 6.700 € > 0 → Überdeckung

Ursache: Fixkostendegression, die Fixkosten verteilen sich auf eine

größere Beschäftigung

c) Gesamtabweichung (GA) =

= verrechnete Plankosten - Istkosten =

= 98.000 € - 85.000 € = + 13.000 € > 0 → Überdeckung

4. RSP 6.5.4 (Kap. 5.4) **(4 Punkte)**

Zu den Unterscheidungskriterien zählen:

- Zeitraum: strategisch: langfristig, operativ: kurzfristig
- Ebene: strategisch: oberste Hierarchieebene, operativ: darunter
- Zahlenorientierung: strategisch: qualitativ, operativ: quantitativ
- Zielsetzung: strategisch: doing the right things; operativ: doing the things right

B

Prüfungssimulation 2

1. RSP 6.3.1.4 (Kap. 3.1.4)   **(16 Punkte)**

   a) Es ergeben sich die folgenden Ergebnisse:

   1. Eigenkapitalquote $= \dfrac{\text{Eigenkapital}}{\text{Gesamtkapital}} \times 100\,\% = \dfrac{125}{500} \times 100\,\% = 25\,\%$

   2. Liquidiät I $= \dfrac{(50+50)}{200} \times 100\,\% = 50\,\%$

   3. Liquidiät II $= \dfrac{(50+50+100)}{200} \times 100\,\% = 100\,\%$

   4. Liquidiät III $= \dfrac{(50+50+100+75)}{200} \times 100\,\% = 137{,}50\,\%$

   5. Working capital ratio in $\% = \dfrac{300}{200} \times 100\,\% = 150\,\%$

   b) Die Antitrend AG verkauft einen Teil des Maschinenparks an die Finanzierungsgesellschaft. Da die Maschinen weiterhin genutzt werden sollen, least sie diese von der Finanzierungsgesellschaft zurück. Die Maschinen werden Eigentum des Leasinggebers. Der Leasingnehmer (die Antitrend AG) bleibt Besitzer des Maschinenparks. Der Leasinggeber zahlt den Kaufpreis und erhält in Zukunft die Leasingrate.

   c) Zunächst verringert sich die Bilanzposition »Maschinen« um 10 Mio. €, die Position »Grundstücke« nimmt um 5 Mio. € zu. Somit vermindern sich das Anlagevermögen und damit auch die Bilanzsumme um 5 Mio. € auf 495 Mio. €. Die langfristigen Bankverbindlichkeiten bzw. Darlehen werden um 5 Mio. € gesenkt. Der Gewinn reduziert sich durch die jährlichen Leasingraten um 500 T€, im Gegenzug müssen aber 8 % von 5 Mio. = 400 T€ weniger Zinsen gezahlt werden, wodurch sich der Gewinn insgesamt um 100 T€ von +500 T€ auf +400 T€ verringert.

   d) Zur kurzfristigen Erhöhung der Liquidität 1. Grades könnten kürzere Zahlungsziele für Kunden oder längere Zahlungsziele mit Lieferanten vereinbart werden. Zudem könnte nicht betriebsnotwendiges Anlagevermögen verkauft oder Anzahlungen von Kunden vereinbart werden.

2. RSP 6.1.2.2 (Kap. 1.2.2) **(12 Punkte)**

Die Anlage II ist nur hinsichtlich der Kosten günstiger. b) Die kritische Menge hinsichtlich der Kosten liegt bei 1.540 St.

Statische Investitionsrech.	Anlage I	Anlage II
kalk. Abschreibungen (AfA)	40.000,00	25.000,00
kalk. Zinsen	24.000,00	12.000,00
restliche Fixkosten	150.000,00	100.000,00
Summe der Fixkosten	214.000,00	137.000,00
Summe der variablen Kosten	500.000,00	550.000,00
Gesamtkosten a)	714.000,00	687.000,00
Erlöse pro Jahr	750.000,00	700.000,00
Gewinn c)	36.000,00	13.000,00
Rentabilität mit Zinsen d)	20,00 %	16,67 %

3. RSP 6.3.1.4 (Kap. 3.1.4) **(10 Punkte)**

a) Es entsteht bei Anlage B ein Fertigungsengpass.

Zeitbedarf	Modern	Robust	Ruhig	Rüstzeit	Σ min	Σ Std.	Kapazität
Anlage A	25.000	12.000	6.000	500	43.500	725,0	< 750 Std.
Anlage B	20.000	20.000	9.000	600	49.600	826,7	> 500 Std.

b) Es ergibt sich folgendes optimales Fertigungsprogramm:

Produkte	db	Zeit B in min	db/min	relat. Rang	Mengen	Zeitbedarf in min.	DB
Modern	20 €	4 min	5 €	2.	1.350 St.	5.400	27.000 €
Robust	20 €	5 min	4 €	3.	3.000 St.	15.000	60.000 €
Ruhig	18 €	3 min	6 €	1.	3.000 St.	9.000	54.000 €
Summe						29.400	141.000 €

Tipp: Die Kapazität der Anlage B mit 500 Std. = 30.000 min muss um 2 mal 5 Std. bzw. 600 min Umrüstzeit reduziert werden (= 29.400 min).

4. RSP 6.5.1 (Kap. 5.2) **(2 Punkte)**

Zielen des Controllings zählen: 1. Grundlage für fundierte Unternehmensentscheidungen, 2. Entlastung und Unterstützung des Managements, 3. Einrichtung eines Frühwarnsystems und 4. Informationssystem für das Management.

Anhang C: Finanzmathematische Faktoren

In IHK-Prüfungen und Formelsammlungen werden häufig entsprechende Tabellen gedruckt. Hier können dann die finanzmathematischen Faktoren herausgesucht und für die entsprechenden Rechnungen verwendet werden. Wie werden diese Tabellen nun verwendet? Zu Veranschaulichung berechnen wir für den Kapitalwert unseres Kopierers »L7750« in Höhe von 1.118,63 € die dazugehörige Annuität:

$$\text{Annuität} = \frac{\text{Kapitalwert}}{\text{BWF}}$$

❶ Zunächst benötigen wir den Zinssatz. Für 7,5 Prozent wählen wir die entsprechende Tabelle. ❷ Dann wählen wir den gesuchten Faktor aus – hier den Barwertfaktor (BWF) in der vierten Spalte. ❸ Schließlich benötigen wir noch die Laufzeit n. Bei 4 Jahren suchen wir demnach in der 4. Zeile und der 4. Spalte. Damit können wir aus der Tabelle den entsprechenden Wert herauslesen (BWF = 3,349326).

■ Finanzmath. Faktoren		7,50 %	❶
n	q^n	$1/q^n$	BWF	❷
1	1,075000	0,930233	0,930233	
2	1,155625	0,865333	1,795565	
3	1,242297	0,804961	2,600526	
4	1,335469	0,748801	3,349326	❸
5	1,435629	0,696559	4,045885	
6	1,543302	0,647962	4,693846	
7	1,659049	0,602755	5,296601	
8	1,783478	0,560702	5,857304	
9	1,917239	0,521583	6,378887	
10	2,061032	0,485194	6,864081	

BWF = 3,349326   lt. Tabelle 7,5 % und n = 4 Jahre

$$\text{Annuität} = \frac{1.118,63 €}{3,349326} = 333,99 €$$

Anhang D: Tipps zur Prüfung

Was sollte ich in der Prüfung beachten?

- Suchen Sie vor der Prüfung einen ruhigen Platz im Vorraum und versuchen Sie **innere Ruhe** zu finden. Lassen Sie sich nicht von den unruhigen Zeitgenossen nerven, die vor der Prüfung alle stressen.

- Gehen Sie **entspannt** und ruhig an den Ihnen zugewiesenen Platz.

- Zunächst sollten Sie die **gesamte Prüfung durchblättern**. Es kommt immer wieder vor, dass Prüflinge einzelne Aufgaben auf der letzten Seite nicht lösen, da sie diese übersehen haben – kein Scherz!

- Lösen Sie die Aufgaben eine nach der anderen. Die **Reihenfolge** hierfür ist jedoch egal.

- Alle Aufgaben sollten in den Lösungsblättern **zusammenhängend** gelöst werden.

- Sollten Sie nach der Bearbeitung weiterer Aufgaben noch etwas in eine zuvor gelöste Aufgabe einfügen wollen und es fehlt der nötige Platz, können Sie das natürlich weiter hinten einfügen. **Wichtig:** Sie müssen aber unbedingt in der vorderen Lösung einen Verweis auf die weitere Lösung mit deren Seitenzahl einfügen. Der Korrektor ist eher wohlwollend gestimmt. Sie sollten ihn aber nicht unnötig verärgern.

- Es sollte eigentlich klar sein, dass Sie sich keinen Gefallen tun, wenn Sie dem Korrektor die Arbeit durch **unlesbare oder schlecht strukturierte Lösungen** erschweren.

- Verwenden Sie für jede neue Aufgabe jeweils eine neue Seite.

- Sie müssen die Aufgabennummern auf das jeweilige Blatt schreiben.

- Für gewöhnlich besteht eine Prüfungsaufgabe aus **Teilaufgaben** (a, b, ...). Sie müssen Ihre Lösungen genau diesen Teilaufgaben zuordnen und nicht einfach Aufgabe 3 hinschreiben und alle Teillösungen ohne Teilnummerierung aneinanderreihen. Das wird leider zu häufig gemacht und kann zu Punktabzug führen.

11 Tipps zur Fehlervermeidung in Prüfungen

1. **Gehen Sie nur auf den gestellten Arbeitsauftrag ein.**

    Zusätzliches Wissen, das nicht zur Frage passt, interessiert nicht.

2. **Achten Sie auf die Signalworte des Arbeitsauftrags.**

    Die Fragestellung beinhaltet neben sachlichen Informationen auch Signalworte zur Bearbeitung:

    a) »*Nennen Sie ...*«, »*Zählen Sie folgende ... auf ...*« usw.: Sie müssen die Begriffe nur auflisten, ohne diese zu erläutern/beschreiben.

    b) »*Erläutern Sie ...*«, »*Beschreiben Sie ...*«, »*Erörtern Sie ...*« usw.: Hier müssen Sie eben in ganzen Sätzen erläutern, beschreiben usw.

    c) »*Ermitteln Sie ...*«, »*Berechnen Sie ...*« usw.: In diesen Fällen müssen Sie Ihr Wissen anwenden.

3. **Beispiele sind keine Erläuterung.**

4. **Vergessen Sie den zweiten Arbeitsauftrag nicht.**

    Es kommt vor, dass in Aufgaben mehrere Teilaufgaben innerhalb eines Aufgabenteils zu lösen sind. Es erstaunt immer wieder, wie viele Prüfungsteilnehmer den zweiten Teil bei solchen Fragen vergessen.

5. **Achten Sie bei Fragen nach Vor- und Nachteilen darauf, auf wen sich diese beziehen sollen.**

6. **Sie müssen Abbildungen immer vollständig benennen/zeichnen.**

7. **Sie müssen korrekte Begriffe verwenden.**

    Häufig werden ähnlich klingende, aber falsche Begriffe verwendet.

8. **Geben Sie allgemein verständliche Lösungen.**

    Sie dürfen nicht davon ausgehen, dass der Korrektor ohnehin weiß, was gemeint ist, wenn Sie irgendwelche Stichworte geben.

9. **Arbeiten Sie mit Rechenschemen.**

10. **Vermeiden Sie leichtsinnige Zahlenfehler (bspw. Zahlendreher).**

11. **Nutzen Sie unbedingt Tausendertrennzeichen (12.175,- €).**

Stichwortverzeichnis

FHS-Verlag.de — Fachbuchverlag Holger Stöhr

Z

Zu den Fachbüchern des FHS-Verlags

Das Verlagsprogramm bietet u. a. die folgenden Fachbücher:
(Autor ist jeweils Dr. Holger Stöhr)

I. Fachbücher zur Prüfungsvorbereitung: WQ-Teil

Es gibt zum WQ-Teil für Wirtschaftsfachwirte insgesamt 6 Fachbücher!

II. Fachbücher zur Prüfungsvorbereitung: HSQ-Teil speziell für Wirtschaftsfachwirte

1. **F.I.T. zur IHK-Prüfung in Betriebliches Management:** Handlungsspezifische Qualifikationen für Wirtschaftsfachwirte, Oberstdorf 2017
   ISBN 978-3-943743-19-7

2. **F.I.T. zur IHK-Prüfung in Investition, Finanzierung, Kostenrechnung & Controlling:** Handlungsspezifische Qualifikationen für Wirtschaftsfachwirte, 2. Auflage, Oberstdorf 2017, **ISBN 978-3-943743-14-2**

3. **F.I.T. zur IHK-Prüfung in Logistik:** Handlungsspezifische Qualifikationen für Wirtschaftsfachwirte, Würzburg 2017,
   ISBN 978-3-943743-15-9

4. **F.I.T. zur IHK-Prüfung in Marketing & Vertrieb:** Handlungsspezifische Qualifikationen für Wirtschaftsfachwirte, Oberstdorf 2017
   – in Vorbereitung! (voraussichtlich 12/2017)

5. **F.I.T. zur IHK-Prüfung in Führung & Zusammenarbeit:** Handlungsspezifische Qualifikationen für Wirtschaftsfachwirte, Oberstdorf 2017
   ISBN 978-3-943743-21-0 (voraussichtlich 10/2017)

Nähere Informationen erhalten Sie unter:

www.fhs-verlag.de

Zusatzdatei »Prüfungsstatistik«

Wenn Sie mit diesem Fachbuch zufrieden sind, geben Sie bitte eine faire Rezension bei Amazon ab. Das können Sie auch dann, wenn Sie das Buch nicht dort gekauft haben. Rezensionen sind wichtig und erleichtern unschlüssigen Käufern die Entscheidung.

Als Dank für Ihren kleinen Aufwand erhalten Sie für jede faire Rezension gratis eine **Zusatzdatei »Prüfungsstatistik«** (PDF-Datei, die ich Ihnen per E-Mail zusenden werde) mit jeweils einer großflächigen Übersicht zu dem Prüfungsfach des jeweils vorliegenden Fachbuchs, hier:

5. Betriebliches Management

6. Investition, Finanzierung, Kostenrechnung & Controlling

7. Logistik

8. Marketing & Vertrieb

9. Führung & Zusammenarbeit

In dieser Übersicht der Zusatzdatei werden **alle bisherigen Prüfungsaufgaben des jeweiligen Prüfungsfachs** den IHK-Rahmenstoffplanpunkten detailliert mit Teilaufgaben und Punkteangaben zugeordnet.

Senden Sie mir hierzu eine Mail an folgende E-Mail-Adresse mit dem Hinweis auf Ihren Namen bzw. Ihr Pseudonym bei www.amazon.de:

stoehr@fhs-verlag.de

Nähere Informationen erhalten Sie unter:

www.fhs-verlag.de

FHS-Verlag.de
Fachbuchverlag Holger Stöhr

© 2017, Fachbuchverlag Holger Stöhr (FHS)